U0142116

圖解式

成功撰寫行銷企劃案

第五版

Marketing Planning Proposal

戴國良 博士——著

書泉出版社 印行

作者序言

「行銷企劃」工作是消費品公司或服務業公司重要的一個部門，並且與公司的營業部門相輔相成。基本上來說，公司如果有優質的「產品力」，再搭配強而有力的「行銷企劃力」及「營運組織力」，三合一成為黃金三角陣容，公司必然可以創造出良好的業績與獲利，而成為市場第一品牌或領導品牌。

本書的意涵

本書包括四篇內容，即：第 1 篇的行銷企劃重要知識；第 2 篇的營運企劃大綱實戰；第 3 篇的行銷企劃全文實務案例；第 4 篇的行銷學 18 項重點知識精華總歸納、總整理等。這些內容，包括了基礎企劃架構、企劃大綱、企劃項目、企劃內容、企劃分析，以及行銷學的基本知識內涵等。對一個行銷企劃人員的基本訓練而言，如果能夠完整的閱讀完本書，並且有效吸收的話，我認為行銷企劃基礎功力已然具備了。剩下的則是要看每一個人處在什麼樣的行業、什麼樣的公司及什麼樣的組織體而有所不同了。本書只能做到帶領讀者們進入行銷企劃的一個基本門檻，至於進入之後，隔行如隔山，每一個行業、每一家公司及每一個競爭環境，都有他們不同的特性及狀況，沒有一套固定的模式可以完全套用上去。他們都需要彈性因應、動機改變、思索應對、創新突圍，以及在不斷實踐與嘗試中，發掘出新的行銷策略及行銷企劃戰鬥力。因此，希望各位讀者一定要融會貫通，要舉一反三，要勇於面對每天不同的行銷環境變化，要有前瞻及洞見能力，看到未來的改變及機會點在哪裡，然後力求創新與變化，必然可以成為行銷致勝的常勝軍。

感恩、感謝、祝福與勉語

本書得以順利出版，衷心感謝我的家人、我的長官、我的同事、我的學生們，以及五南圖書公司編輯小組們，由於你們的鼓勵、支持、協助及加油，才使我在無數個嚴冬深夜中，戮力完成撰寫。希望本書對廣大的青年學子及年輕白領上班族讀者朋友們，能帶給您們行銷工作上的有用參考及價值。

最後，願以我生平最喜歡的座右銘，與各位讀者一起勉勵奮進：

「長夜將盡，光明很快就到來」
「最深刻的學習，來自最挫折的階段」
「越過荊棘，看見生命另一種風光」
「很多人都喜歡把磨練當成是受苦，我卻把磨練當成是上天給我的一種恩賜」
「在機會點，堅持理想」
「在變動的年代裡，堅持不變的真心相待」
「反省自己，感謝別人」
「對事以真，對人以誠，對上以敬，對下以慈」
「終身學習，必須是有目標、有計畫、有毅力、有紀律的去執行」

祝福各位讀者朋友們，願您們都擁有一個平安、幸福、進步、成功、滿意、快樂、成長與健康的美麗人生旅途。

戴國良 敬上
於臺北
taikuo@mail.shu.edu.tw

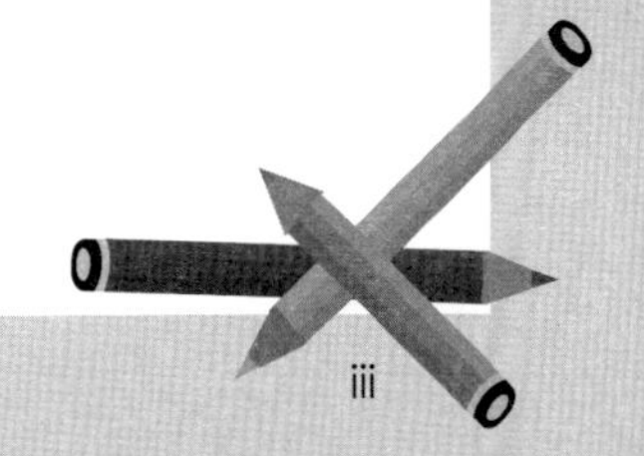

目錄

第 2 篇 營運企劃大綱實戰

第 3 篇 行銷企劃全文實務案例

第 4 篇 行銷學 18 項重點知識精華總歸納、總整理

第 1 篇

行銷企劃重要知識

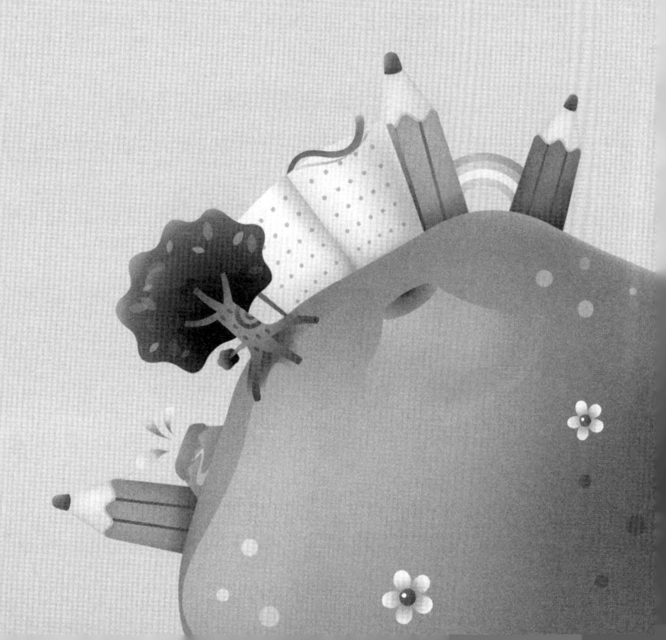

壹、關於行銷企劃部門

一、行銷企劃部門的組織、分工與職掌

(一) 行銷企劃單位是否獨立

就實務來說，企業的行銷企劃部門在組織上，依不同公司會有不同的編制狀況。一般來說，主要有兩種。

第一種是附屬在業務部或營業部轄下，成為一個行銷企劃處。這種編法，主要有幾點理由：

1. 該公司以業務銷售（Sales）為主軸及導向，業務銷售部門的角色比較重要，而行銷企劃則是配合性、搭配性的角色。
2. 如此做法的優點是，使業務與企劃一條鞭，故二合一的功能，彼此是一體的，不是平行的部門。

第二種不是附屬業務部轄下，而獨立成為一個行銷企劃部。這種做法，主要有幾點理由：

1. 該公司對行銷企劃的功能比較重視，產品屬性也偏向於大眾型的消費品，須有大量的各種行銷企劃活動。
2. 該公司認為業務與企劃兩者切割比較理想，各有不同職能，而且業務主管也未必懂得行銷企劃活動及規劃。

(二) 行銷企劃部門的編法為何

就企業實務而言，行銷企劃部門或單位，大致有三種編法，這要看不同行業、不同規模、不同公司、不同性質、不同老闆的想法而有不同的編法，沒有絕對的對與錯，只有適不適合、好不好而已。

1. PM（產品經理）制度

(1) 國內不少大型消費品公司，像統一企業、萊雅公司、光泉公司、金車公司、味全公司等，均採取 PM 制度，即產品經理制度。

此即指某一個較大品類的產品線或產品群，均歸某個經理管轄它們的所有行銷活動。

例如，某一飲料食品公司旗下有飲料事業部副總經理，而下面則設有：①茶飲料產品經理；②咖啡飲料產品經理；③果汁飲料產品經理；④礦泉水飲料產品經理；⑤碳酸飲料產品經理等五位產品經理（PM）。

(2) 而這些產品經理，即負責了該產品線或產品品牌的所有營運行銷活動。包括：①產品企劃；②配合研發部門的開發工作；③產品定價；④產品通路規劃；⑤產品的廣告宣傳；⑥產品的促銷活動；⑦產品的持續改善；⑧產品的公關活動；⑨產品的銷售成績狀況如何（配合業務部門及經銷商）；⑩產品的定位策略性問題思考；⑪產品的售後服務活動；⑫產品的創新活動思考及⑬產品的每月損益等。

2. BM（品牌經理）制度

(1) 國外（外商）公司則因為每個品牌營業額都比較大，可以獨立操作行銷，因此獨立為品牌經理（Brand Manager）制度，亦是常見的。

(2) 這個品牌經理即負責了該品牌的所有營運及行銷活動。

例如，P&G（臺灣寶僑家品公司）旗下即有潘婷、沙宣、海倫仙度絲、飛柔等四種洗髮精品牌，亦即有四個品牌經理管轄這些產品的營運行銷活動。

3. 功能性單位制度

另外，還有一種狀況也是常見的，亦即不是品牌經理，也不叫產品經理，而是採取全管式的功能性行銷企劃編組。包括行銷企劃部轄下有這些單位與職掌：

(1) 產品企劃課。

(2) 販促課（販賣促進課）。

(3) 廣宣課（廣告宣傳課）。

(4) 媒體企劃與購買課。

(5) 公關課。

(6) 策略合作課（異業合作行銷課）。

(7) 網路行銷課。

這種組織編制，一般都是在產品線數量不多、中小企業規模或本土型的公司較為常見。

(三) 行銷企劃部門的工作職掌與功能

綜合來說，不管是產品經理、品牌經理、行銷企劃功能性組織，只是名稱、流程或地位不同而已，這些並非是最重要的，因為組織是可以隨時調整及改變的。不好、不適合或過時的組織，便可及時進行調整、修正或改變。

但這些行銷企劃單位與人員的工作職掌、任務或功能做些什麼事，則是不變的。大致說來，從實務上看，這些行銷企劃人員的工作內容包括：

1. 產品企劃、產品改善、產品創新、新產品上市。
2. 產品的定價與機動性、調整價格的變化。
3. 產品的通路策略規劃、通路加強、通路多元化及通路改善、通路創新。
4. 產品的廣告與宣傳的策略規劃、要求廣告代理商提出優質及有助銷售的創意。
5. 產品或品牌的媒體公關報導，包括電視、報紙、雜誌、網路等各種媒體能高度曝光有利的報導篇幅、版面及次數。
6. 產品的促銷活動規劃與執行，包括各種週年慶、年中慶、節日慶或附贈品包裝與試吃試喝的店頭促銷活動。
7. 產品的精緻服務活動規劃與執行，以及客服中心的管理。
8. 產品的會員經營、VIP 經營，或會員卡與紅利點數卡的經營等規劃與執行。
9. 產品的現場環境與作業流程之規劃、強化與提升效率之執行等。
10. 產品的市場調查，包括大樣本的量化電訪問卷調查，或小樣本的質化焦點團體座談會調查等方式。
11. 市場各種資訊情報的蒐集、彙整、分析、判斷與因應對策研擬，包括：總體市場、消費者資訊、競爭對手資訊、經濟景氣、潛在加入者、同業與異業的動態、上游供應商、下游通路業者的動態、政府的法令政策、消基會等。

12. 最後，每天、每週、每月、每季、每年的銷售狀況、銷售變化，以及獲利狀況，或面臨虧損、利潤衰退、營收減少等各種營運績效狀況的即時性數據分析與因應對策研擬。

(四) 行銷企劃人員在做什麼事

行銷企劃部人員的功能其實是非常多樣化的，它與業務部是相輔相成、合作無間的，能夠如此，公司的行銷工作及行銷目標才能達成。

總的來說，行銷企劃部與業務部合作的目標，即在於達成：

- 公司所訂年度的營收額（業績）目標。
- 公司所訂年度的獲利額目標。
- 公司所訂年度市占率及品牌地位的排名目標。
- 以及其他較次要的行銷目標，例如會員人數、來客數、客單價、客戶忠誠度、新產品上市數等。

公司為了達成這些多元目標，即要規劃及有力執行各種行銷企劃的工作與功能。到底實務上一個完整且人員充裕的行銷企劃部門在做些什麼事情呢？簡述如下：

1. 市場分析與策略規劃

所謂知己知彼才能百戰百勝，掌握產品與市場的動態發展，並及時研訂相應的行銷對策，是日常行銷企劃人員首要且頻繁的任務之一。這又包括下列工作：

(1) 產業、市場、產品及客戶分析：分析產業、市場、產品及消費者的變化及趨勢。

(2) 競爭對手分析：蒐集市場競爭對手的動態情報，並加以分析及研判，以及提出我方的因應對策為何。

(3) 國外最新發展分析：上網蒐集國外最新發展趨勢、做法與方向，並提出分析及借鏡報告。

(4) 出國參展：參觀日本、美國、歐洲、中國大陸等地區大型國際展覽會，以蒐集最新技術、最新產品、最新開發業者的最新情報。

(5) 市調執行：進行各項必要性的市調報告，以利做出科學化的行銷決策。例如新產品市調、顧客滿意度市調、行銷新措施市調、品牌形象市調、競爭力市調、廣告效果市調等。

(6) 分析業績數據：會同業務部分析每天、每週、每月公司各產品、各事業部業績達成狀況，並分析原因及研訂因應對策。

(7) 分析價格變化：協助業務部評估產品價格向上或向下的必要性調整變化，以因應隨時變化的市場行情。

(8) 協助新產品開發：協同研發部及製造部討論、規劃及評估公司未來新產品的上市發展，以及對於舊產品提出定期改良計畫，以保持本公司產品的競爭力優勢，並避免被消費者淘汰及背棄。

(9) 訂定年度行銷策略及傳播訴求主軸：另外，行銷企劃人員也要在每年初，即要深思訂定年度的行銷策略主軸及傳播訴求是什麼？以及本年度優先事項中，更優先的工作任務是什麼？能掌握優先順序及輕重緩急，工作績效才會凸顯。

2. 公關活動

行銷企劃人員日常的公關活動，包括：

(1) 撰寫新聞稿：撰寫新聞稿，並請記者報導披露。

(2) 舉辦記者會：舉行各種記者會，例如新產品上市記者會、新代言人記者會、重要策略聯盟記者會等。

(3) 舉辦大型活動：舉辦大型事件行銷活動，例如配合節慶活動、配合新產品上市活動、配合週年慶活動等。

(4) 舉辦會員經營活動：舉辦會員經營活動，例如百貨公司 VIP 會員的封館秀、會員招待會、會員優先採購會、會員走秀會等。

(5) 舉辦公益活動：舉辦提升公司形象的公益活動；例如像 P&G 公司的 6 分鐘護一生、富邦國際路跑、和泰汽車萬人萬步走、國泰人壽的兒童繪畫比賽、台積電的藝文活動等。

(6) 主辦老闆接受報章雜誌專訪活動。

3. 廣告宣傳與整合行銷活動

行銷企劃人員經常要對既有產品及新產品展開廣宣活動，以維繫品牌形象、品牌知名度及品牌好感度，以協助銷售促進。包括：

(1) 廣告活動及媒體發稿：與廣告公司討論，推出具創意及良好效果的電視廣告、平面廣告稿、廣播廣告稿、公車及戶外廣告稿、網路廣告稿，以及媒體發稿事宜。

(2) 網路行銷活動：策劃網路行銷活動，以吸引顧客名單。

(3) 尋找最佳代言人：尋找、分析、評估及洽談最適當的年度代言人，規劃年度品牌代言人要做些什麼事，及相關的合約書內容。

(4) 異業合作：展開與異業合作行銷的洽談，包括與信用卡公司、電影公司、唱片公司、公仔公司、零售業公司、遊戲公司、電信公司等各行各業。

4. 協助、支援業務部工作推動

行銷企劃部除了自身工作之外，有時候也會支援業務部工作的推動，包括：

(1) 全國經銷大會召開：協助業務部召開全國經銷商或全球代理商大會的會議。

(2) 店頭行銷：協助業務部對全國各零售通路大型據點的店頭行銷活動，包括店頭 POP、店頭專區陳列、包裝促銷價格等。

(3) 人員教育訓練：協助直營門市店服務人員及營業人員的教育訓練工作及店面行銷布置。

(4) 貿協展銷會：協助參加貿協的展銷會之布置及現場人力支援。

(5) 舉辦促銷活動：協助舉辦大型 SP 促銷活動，例如年終慶、週年慶、年中慶的抽贈獎活動及折扣活動。

5. 其他老闆及長官臨時、機動交辦之各項專案事宜（例如：國內外策略聯盟合作事宜、專刊編輯、公司簡介撰寫、簡介影片拍攝、海外市場規劃、參加競賽規劃等）。

行銷企劃人員在做些什麼事

- 1. 市場分析與策略規劃
  - (1) 產業、市場、產品及客戶分析
  - (2) 競爭對手分析
  - (3) 國外最新發展分析
  - (4) 出國參展
  - (5) 負責各種市調分析
  - (6) 分析業績數據
  - (7) 分析價格的變化
  - (8) 協助新產品開發
  - (9) 訂定年度行銷策略主軸
- 2. 公關活動
  - (1) 撰寫新聞稿
  - (2) 舉辦記者會
  - (3) 舉辦大型活動
  - (4) 舉辦會員經營活動
  - (5) 舉辦公益活動
  - (6) 安排老闆接受媒體專訪
- 3. 廣告宣傳與整合行銷活動
  - (1) 主辦廣告活動及媒體發稿
  - (2) 策劃網路行銷活動
  - (3) 尋找最佳產品代言人
  - (4) 洽談異業合作行銷
- 4. 協助、支援業務部工作推動
  - (1) 協辦召開全國經銷商大會
  - (2) 協辦店頭行銷布置
  - (3) 協辦直營門市店人員教育訓練
  - (4) 協辦貿協展銷會
  - (5) 協辦大型 SP 促銷活動
- 5. 其他上級臨時交辦事項

(五) 各公司實務上行銷企劃的不同名稱

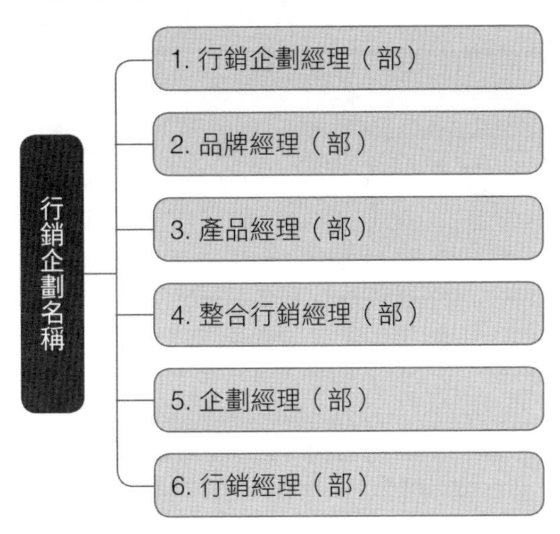

(六) 希望培養出卓越行銷企劃能力

培養九種根本的內涵行銷力：

貳、行銷企劃致勝整體架構圖示（之1）

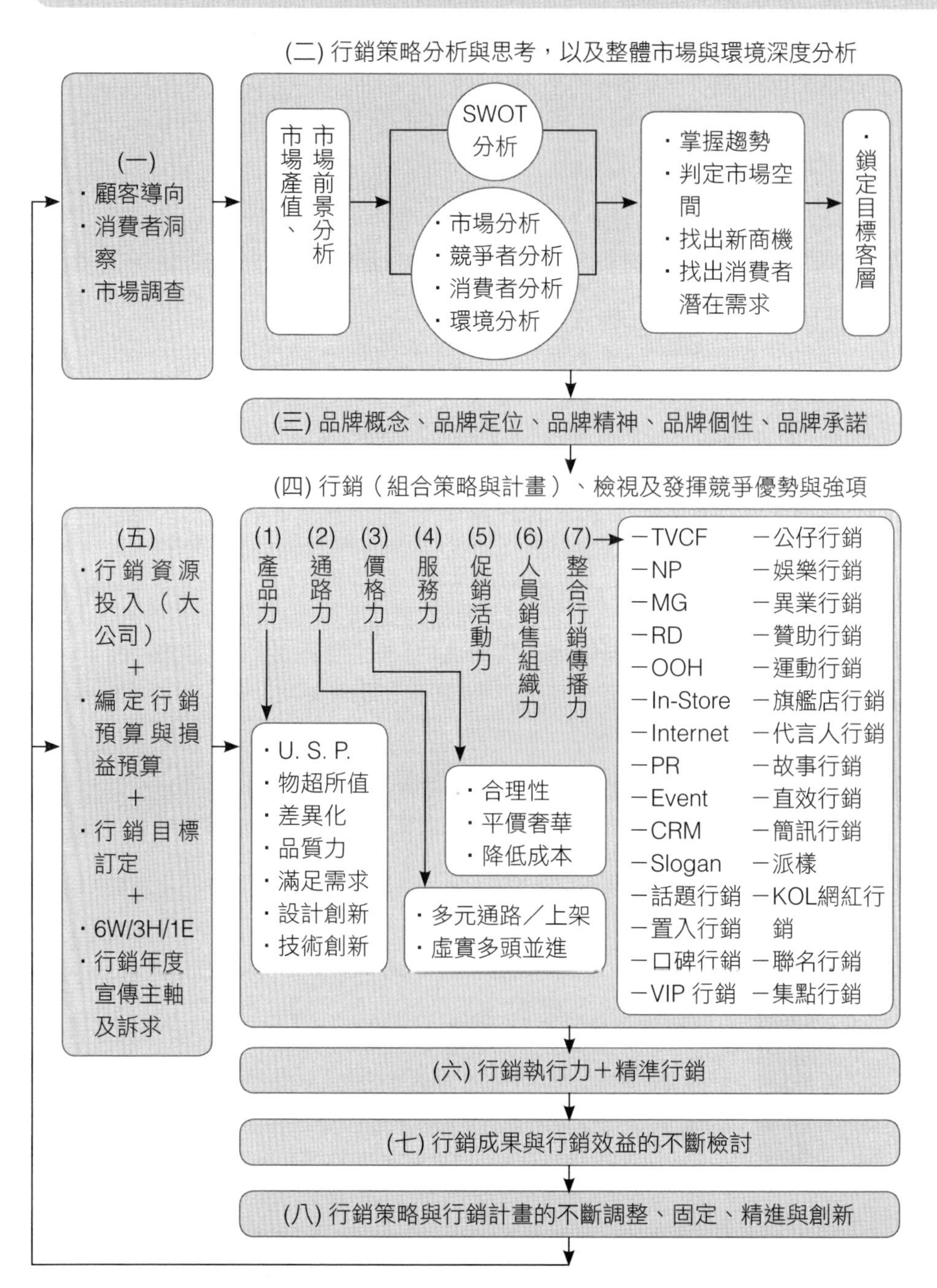

參、行銷企劃致勝完整架構圖示（之 2）

從企業實務來看，行銷企劃人員日常在操作的行銷管理內涵，歸納來說，列示如圖的十個部分。當然，這並非由一個人獨立完成，而是有一個 5 至 6 人，或 10 人以上的行銷企劃部門共同團隊合作與分工而成，而行銷企劃部門的最高主管，則必須有能力同時做好這些工作的決策。

茲列舉這十個重點部分，如下：

一、做好「行銷環境的分析與判斷」

知道現在及未來行銷的潛藏商機或威脅何在，然後有因應的對策。

二、做好「S-T-P 架構分析」

知道目標顧客層，並對自己的產品定位要很明確及有利基點。

三、做好「年度行銷策略主軸」

行銷要有效，應先抓住每個年度的行銷策略主軸及訴求，然後才有方向、目標與想法可以遵循。

四、做好「年度行銷預算制定與檢討」

在企業實務界，幾乎經常要檢討行銷的績效如何、如何成長、為何衰退、如何因應與改變。預算與績效的達成，是一切行銷努力的總結果，大家都很關心及重視。

五、做好「行銷組合操作：8P/1S/2C」

行銷操作上，具體來說，每天就是圍繞在 8P/1S/2C 的具體計畫與執行面的工作上。可以說是在市場上跟對手競爭的最大作戰項目，也是花掉最多預算的項目，在這方面的創意與執行力，一定非要超過競爭對手不可。

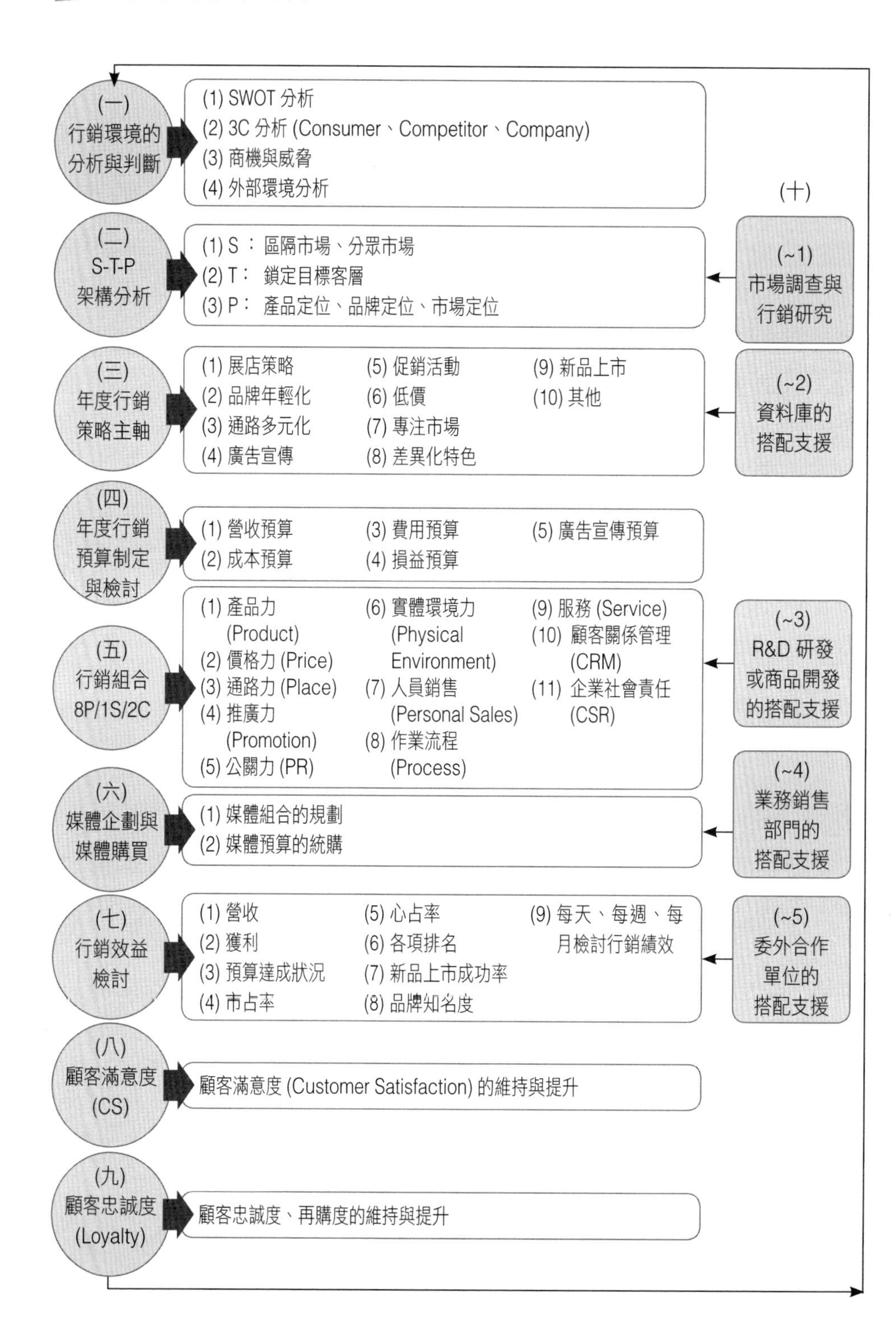
(一)
行銷環境的分析與判斷
(1) SWOT 分析
(2) 3C 分析 (Consumer、Competitor、Company)
(3) 商機與威脅
(4) 外部環境分析
(二)
S-T-P 架構分析
(1) S：區隔市場、分眾市場
(2) T：鎖定目標客層
(3) P：產品定位、品牌定位、市場定位
(三)
年度行銷策略主軸
(1) 展店策略
(2) 品牌年輕化
(3) 通路多元化
(4) 廣告宣傳
(5) 促銷活動
(6) 低價
(7) 專注市場
(8) 差異化特色
(9) 新品上市
(10) 其他
(四)
年度行銷預算制定與檢討
(1) 營收預算
(2) 成本預算
(3) 費用預算
(4) 損益預算
(5) 廣告宣傳預算
(五)
行銷組合 8P/1S/2C
(1) 產品力 (Product)
(2) 價格力 (Price)
(3) 通路力 (Place)
(4) 推廣力 (Promotion)
(5) 公關力 (PR)
(6) 實體環境力 (Physical Environment)
(7) 人員銷售 (Personal Sales)
(8) 作業流程 (Process)
(9) 服務 (Service)
(10) 顧客關係管理 (CRM)
(11) 企業社會責任 (CSR)
(六)
媒體企劃與媒體購買
(1) 媒體組合的規劃
(2) 媒體預算的統購
(七)
行銷效益檢討
(1) 營收
(2) 獲利
(3) 預算達成狀況
(4) 市占率
(5) 心占率
(6) 各項排名
(7) 新品上市成功率
(8) 品牌知名度
(9) 每天、每週、每月檢討行銷績效
(八)
顧客滿意度 (CS)
顧客滿意度 (Customer Satisfaction) 的維持與提升
(九)
顧客忠誠度 (Loyalty)
顧客忠誠度、再購度的維持與提升
(十)
(~1) 市場調查與行銷研究
(~2) 資料庫的搭配支援
(~3) R&D 研發或商品開發的搭配支援
(~4) 業務銷售部門的搭配支援
(~5) 委外合作單位的搭配支援

六、做好「媒體企劃與媒體購買」

媒體企劃即是做出一個最好的媒體組合計畫，然後付諸執行，而媒體購買就是要把預算花在最有效益與最值得的廣告上或活動上。媒體企劃與購買通常會有專業的外部單位媒體代理商給予協助，因為他們比較專業，而且也比較有談判籌碼。

七、做好「行銷效益的檢討」

行銷效益的層面很廣，幾乎每個活動、營運項目、單位，都可以有行銷效益檢討。檢討是為了追求更大的進步與領先競爭對手，以及企業要賺錢的概念衍生而來。

八、做好「顧客滿意度」

行銷績效除了要創造業績及獲利外，更重要的是，要提升顧客滿意度。唯有好的及高顧客滿意度，才能代表我們做到以客為尊與顧客至上的目標。

九、做好「顧客忠誠度」

一旦顧客忠誠了，才會再度光臨及高回購率，也才能形成所謂的習慣性購買本品牌。掌握好顧客忠誠度，企業銷售才會穩定、鞏固，不怕被競爭、取代。

十、行銷人員及行銷企劃尚須努力的工作

此外，除上述九大項工作重點外，行銷人員及行銷企劃部門還須努力做好下列次要的工作，包括：

1. 做好「市場調查與行銷研究」。
2. 做好「資料庫的搭配支援」。
3. 做好「R&D 研發或商品開發的搭配支援」。
4. 做好「業務銷售部門的搭配支援」。

5. 做好「委外合作單位的搭配支援」。

總而言之，如果能夠做好上述十大項工作，行銷人員一定可以使行銷產品致勝成功，並成為前三大知名品牌，甚至是第一品牌的市場領導者。

肆、活動企劃案撰寫大綱

行銷企劃人員經常在工作中會舉辦很多活動，像新產品上市發表會、記者會、事件行銷活動、VIP 會員招待會、封館秀、節慶促銷活動及公關、公益活動等，均須撰寫「活動企劃案」。其所包含大綱項目的撰寫內容，茲列示如下：

1. 活動緣起、緣由。
2. 活動目的、宗旨。
3. 活動目標。
4. 活動主題、活動主軸。
5. 活動策略。
6. 活動名稱。
7. 活動 Slogan（口號、標語）及 Logo（標誌）。
8. 活動進行流程（Run Down 表）、活動節目設計。
9. 活動內容規劃與創意設想。
10. 活動專案小組組織表與人員分工。
11. 活動時間、日期、期間。
12. 活動地點。
13. 活動型態。
14. 活動媒體宣傳做法。
15. 活動預算／活動經費預估。
16. 活動效益分析（有形效益、無形效益）。
17 活動現場布置規劃。
18 活動主持人、代言人。
19. 活動走秀表演。
20. 活動對象、邀請來賓、媒體記者。
21. 活動錄影。
22. 活動贈品。

23. 活動肖像、公仔。
24. 活動保全規劃。
25. 活動危機處理。
26. 活動結案報告。

伍、營運企劃或檢討報告案的撰寫大綱

實務上，行銷企劃人員不只是在做促銷活動案、廣告活動案、會員經營案、公關活動、記者會、媒體企劃與媒體購買而已。有更多的時間是在檢討業績、分析市場、檢討預算達成率、檢討產品力、分析競爭對手以及策劃未來等更為重要的工作層面。

總的來說，這些工作泛稱為「營運企劃案」或「營運檢討報告案」，它們在撰寫大綱架構上，大概會包括幾個重要的共同項目，內容如下：

一、外部環境變化分析與趨勢分析

包括：國內外的法令、政策、財經、股市、消費者、競爭者、科技、天災人禍、疫情、上中下游關係、利率、匯率、產業獎勵、進出口貿易、經濟成長率、人口成長率、家庭結構、宅經濟現象、低價走向、M 型社會等。

二、現況（成果）比較分析如何

包括：現況分析、現況檢討、去年度檢討、上月檢討、上週檢討等。

三、與競爭對手比較分析如何

包括：競爭對手的優勢、劣勢、強項、弱項如何，以及未來的最新發展動向、動態、做法、策略及重心等。

四、本公司優缺點與強弱項分析如何（SWOT 分析）

再回頭檢視本公司內部、人才、技術、財力、組織、上中下游關係、採購、生產製造、行銷、品牌、業務、物流運籌、全球化、通路等之優缺點及強弱項的變化如何。

五、原因探索分析、背景分析、緣起分析

六、做法與對策如何（How to do）

包括：該如何做、做法如何、對策如何、如何解決、如何加強、如何規劃、規劃方案、如何改善、如何因應、各種做法等。

七、效益會如何

包括：(1) 有形效益如何（營收、市占率、獲利、店數成長、坪效成長、來客數、客單價、會員數、再購率等）；(2) 無形效益如何（企業聲譽、品牌知名度及形象、品牌好感度、戰略意義等）。

八、成本與效益比較如何

即 Cost & Effect 分析，表示成本支出與效益回收的比較如何。

九、要寫出預計的具體目標數據

包括：店數、市占率、營收、成長率、獲利、業績、毛利、店效、坪效、損益、分公司數、來客數、客單價、會員數、VIP 人數、活卡率、卡數總量、自有品牌占有率、新產品開發數、廣告預算、促銷預算、會員經營預算、管銷費用預算、EPS、品牌數等。

十、要考量到 6W/3H/1E 十項思考點

1. Who
2. Whom
3. Why
4. Where
5. When
6. What
7. How to do
8. How much
9. How long
10. Effectiveness

十一、比較分析的五種原則

1. 實際數據與目標（預算）數據比較如何。
2. 今年數據與去年數據比較如何。
3. 本月數據與上月或去年同期數據比較如何。

4. 本公司與競爭對手數據比較如何。
5. 本公司與整體業界或市場數據比較如何。

十二、關鍵成功因素（KSF）為何

要歸納彙整出此公司、此產業、此部門、此產品、此品牌、此專案、此活動、此計畫、此市場，以及此通路等之關鍵成功因素為何，以利掌握關鍵要素。

十三、預計未來發展願景為何

十四、戰略意涵

十五、行銷廣宣支出預算列明細表

陸、撰寫營運檢討報告案或行銷企劃案，應具備的七大能力基礎

如何能夠很快速，而且又能寫出很不錯或很完整的營運檢討報告案及行銷企劃案，歸納來說，應具備以下所示的幾項能力，包括：

一、擁有豐富的行銷知識

行銷知識是撰寫行銷報告能力的重要基礎，包括：(1) 行銷學；(2) 品牌行銷學；(3) 公關學；(4) 整合行銷傳播學；(5) 廣告學；(6) 產品管理學；(7) 定價管理學；(8) 通路管理學；(9) 服務管理學；(10) 行銷企劃學；(11) 媒體規劃與媒體購置學等各種基礎學識。缺乏這些基礎學識，就無法成為一個行銷達人或企劃撰寫達人的目標。因此，不管是在學校學習或是自我進修學習，都應該強化這方面的基礎理論內涵。

二、6W/3H/1E 的十項思考準則

撰寫行銷企劃案或營運檢討報告案，應時刻掛在心上的十項思考準則，即是 6W/3H/1E。

(一) 6W

1. What：現況是什麼？目標是什麼？問題是什麼？待解決事項是什麼？未來趨勢會是什麼？洞察出什麼？重點核心事項是什麼？
2. Why：原因是什麼？為何會如此？為何是這個方案？為何是這個方式？為何是這種對策？為何導致如此？為何是這種變化？
3. When：時間點在何時？何時推動？何時上市？何時採取作為？何時行動？
4. Where：在哪裡執行？是局部地方或全部地方？
5. Who：派誰及哪些單位去執行負責？這些人與這些單位是否能夠把事情做好？哪些單位／人員最有執行力、最適當？
6. Whom：我們的目標對象是誰？這些目標對象有什麼特性或狀況？

(二) 3H

1. How to do：我們解決問題的執行方案、計畫、對策、做法、策略將會如何？我們如何做？如何做將會確保成功與績效的達成？什麼是最佳的方案及做法？
2. How much：我們將要花費支出多少行銷預算呢？要估算出金額目標數據，以利做成本與效益分析。
3. How long：這個活動的時間將會多久、多長？為何如此長？為何如此短？

(三) 1E

Effect：執行這些方案及作為後，將會收到哪些有形及無形效益呢？這些效益數據分析的結果又是如何呢？如何深入得出及分析這些效益呢？

三、累積的工作經驗

很多及很好的撰寫能力，是仰賴過去長久以來，我們在各種工作崗位上的歷練、記憶、得與失、收穫及寶貴經驗的匯總及累積而成的。這種經驗很難去描述，而是一種自然的反射能力及回應思考能力，而且是靠時間逐步累積而成的。因此，我們更要珍惜及掌握每一種工作經驗的學習與記憶。

四、開會檢討、集思廣益

我們在撰寫報告之前、之中或完成後，都應該多向其他相關單位（例如業務部、門市部、財會部、研發部等）長官或同輩同事詢問各種不同的看法、意見與觀點，這樣可以收到不同面向、不同角度與不同立場的集思廣益之效。如果只侷限自己一個人的看法或思維，那麼可能會不夠完整而有所缺漏，畢竟自己一個人的工作經驗、歷練層次、觀察角度及所屬專長分工都很有限，故必須集合眾人的智慧，才能完成一份很好的報告。

五、有自己的創意、想法及做法

當然，在如何做法方面（即 How to do），個人本身一定要有一些基本的構想、創意或方案，接著形成文字後，就可以成為大家討論的基礎。因此，企劃人員不能沒有自己的想法及創意。

六、吸取其他行業、公司及國外先進公司的做法及對策

跨業之間如果有很好的做法、創意、方式及對策，不妨可作為我們公司的借鏡參考。另外，國外日本、美國等先進公司或全球第一品牌公司他們有些創意性與實施成功的做法，也深值我們跨海學習，這也是一種標竿學習。不管是國外參訪、考察或從官方網站觀察參考均可。

七、看前人所寫的報告及購買參考工具書學習借鏡

最後，還可以參考這個位置之前同事們曾經寫過的諸多報告檔案，從那些前人辛苦寫過及做過的事實檔案資料中，我們也可以快速學習到該如何做，以及應該注意些什麼，這些都是珍貴的前人經驗與智慧的累積。

另外，市面上也有很多有關於企劃案如何撰寫的商業書籍，可以供我們借鏡參考之用，也能收一時之效，以解燃眉之急。

匯總來看，茲圖示如下：

撰寫營運檢討報告案及行銷企劃案，應具備的七種能力

1. 豐富的行銷知識
   - 行銷學、品牌行銷、整合行銷傳播、公關學、廣告學、產品管理、定價管理、行銷企劃撰寫、通路管理、服務管理等基礎知識

2. 6W、3H、1E（10 項思考準則）
   - 6W：What、Why、When、Where、Who、Whom
   - 3H：How to do、How much、How long
   - 1E：Effect

3. 累積的工作經驗
   - 過去在各種工作崗位上的歷練、記憶、得與失、收穫、寶貴經驗的匯總等之有效且迅速的累積

4. 開會檢討（開會之前會集思廣益）
   - 在撰寫前、撰寫中或撰寫後，應該多向相關單位的長官或同輩同事詢問看法、意見與觀點，以收不同面向與不同角度的集思廣益效果

5. 有自己的創意、想法及做法
   - 自己一定也會有一些獨特的創意、想法及做法，這些應反映在撰寫報告上

6. 吸取其他行業、公司，及國外先進公司的做法
   - 如何有效的吸取其他行業、公司，或國外先進公司、一流公司的各種做法及他們的總結經驗與得失參考，均值得作為我們在撰寫時的參考依據

7. 看前人所寫的報告及買參考工具書參考指南
   - 後輩可參閱前人所寫的此類相關企劃案或報告案，以掌握正確方向。此外，亦可購買外界出版的企劃案撰寫工具書作為借鏡參考

柒、促銷活動撰寫企劃

一、促銷活動企劃案撰寫項目彙整

有關舉辦一場 SP（Sales Promotion）促銷活動企劃案撰寫的涵蓋項目，大致可以包括如下內容（以大抽獎活動為例）：

1. 促銷活動目標與任務
2. 活動期間、活動時間、活動日期（以郵戳為憑）。
3. 活動 Slogan（標語）。
4. 活動內容、活動辦法、參加方式、參加辦法、活動方式。
5. 活動對象。
6. 活動獎項、獎項說明、獎項介紹。
7. 抽獎時間、抽獎日期（公開抽獎）。
8. 活動地點。
9. 參賽須知。
10. 參加品牌、活動商品、參加品項。
11. 收件日期。
12. 活動查詢專線、消費者服務專線。
13. 中獎公告方式、中獎公布時間。
14. 兌獎方式、兌換期限、兌換通路、使用限制、兌獎日期。
15. 第一獎、第二獎、第三獎、普獎。
16. 活動官網（www.）。
17. 贈品寄送說明。
18. 扣稅說明（獎項價值 2 萬元以上，將扣 10%，並開立扣繳憑單）。
19. 活動注意事項。
20. 活動效益評估。
21. Slogan：滿額贈、萬元抽禮券、好禮雙重送、現刮現中、萬元抽獎、開瓶有獎、開蓋就送、天天抽、週週送、百萬現金隨手拿。

二、SP 促銷活動「效益評估」的面向

(一) 評估業績成長多少

在執行促銷活動後的當月分業績，較平常時期的平均每月營收業績成長多少。

(二) 評估參加促銷活動消費者的踴躍度，例如多少人次

(三) 評估此次活動所投入的實際成本花費是多少

(四) 評估扣除成本之後的淨效益是多少

1. 增加業績×毛利率＝毛利額的增加
2. 毛利額增加－實際支出的成本＝淨利潤的增加

(五) 例舉

1. 某飲料公司在八月分舉辦促銷活動，過去平常每月業績為 2 億元，現在舉辦促銷活動後，業績成長 30%，達 2.6 億元，淨增加 6,000 萬元營收。
2. 另外，此次促銷活動實際支出為：獎項成本 500 萬元、媒體宣傳成本 1,000 萬元，合計 1,500 萬元。
3. 營收增加 6,000 萬元，以三成毛利率計算，則毛利額增加 1,800 萬元。
4. 毛利額 1,800 萬元減掉成本支出 1,500 萬元，故得到淨利潤 300 萬元。
5. 此外，無形效益尚包括：此活動可增加顧客忠誠度、增加品牌知名度及增加潛在新顧客效益等。

三、促銷活動的種類

促銷活動大抵上可以包括下列各主要受歡迎及經常使用的促銷種類：

1. 折扣活動（全面七折起、全面五折起）。
2. 買一送一。
3. 大抽獎活動。

4. 滿額贈禮活動（贈品，採現場贈送）。
5. 滿千送百、滿萬送千、滿五千送五百（送禮券、送商品券、優惠券、購物金等）。
6. 紅利積點加倍送（折換現金或換贈品）。
7. 刷卡禮。
8. 來店禮。
9. 刮刮樂（現場刮）。
10. 加量不加價。
11. 特賣（價）活動、優惠價組合。
12. 買 2 件，打 6 折。
13. 第 2 件 8 折算。
14. 好禮三選一、五選一。

捌、公關活動企劃案概述

一、公關活動企劃與執行四階段

專業公關公司經常接受一般公司委託辦理公關活動案，例如記者會、代言人發表會、戶外活動案、會員活動案等。公關公司的作業，基本上可區分為四階段，簡述如下：

(一) 前置作業

工作事項包括如下：

1. 擬定議題方向與規劃。
2. 腦力激盪與執行評估。
3. 議題評估。
4. 預算編列。
5. 企劃提案與整合建議。
6. 企劃目標與執行定案。
7. 相關單位聯繫。
8. 採購發包準備。
9. 狀況模擬。

(二) 企劃案撰寫內容大綱

1. 活動主題與活動目的／目標。
2. 活動 Slogan（標語）。
3. 活動時間與日期。
4. 活動內容規劃與活動節目設計（含主持人、來賓等）。
5. 活動訴求對象。
6. 活動空間動線規劃。
   (1) 交通工具。
   (2) 執行人員動線。

(3) 活動人潮動線。

7. 宣傳媒介與執行。

(1) 電視媒體。

(2) 平面媒體。

(3) 網路媒體。

(4) 廣播媒體。

(5) 公車媒體。

8. 活動人數預估。

9. 活動視覺營造與製造。

10. 活動經費（預算）概估。

11. 活動預期效益。

12. 人力資源與職務權責分配表。

13. 軟硬體設備清單製作。

14. 重要時程進度表。

15. 其他備案：場地、道具、代言人等。

16. 活動贈品。

17. 活動錄影準備。

18. 活動保全規劃。

19. 活動邀請的媒體記者。

20. 活動危機處理。

21. 活動肖像、玩偶。

(三) 現場作業

工作事項包括如下：

1. 系統化控管。

2. 活動現場人力資源清單。

3. 聯繫網設立。

4. 時程編列。

5. 軟硬體設備。
6. 動線邏輯。
7. 突發危機。

(四) 後續作業

工作事項包括如下：

1. 活動後人力安排清單。
2. 活動空間之恢復。
3. 軟硬體之點交。
4. 行政總務事項之執行。
5. 經費結算與檢討會議。
6. 活動後會報與整合結案。
7. 統計媒體露出則數。
8. 結案報告撰寫及向委辦廠商請款。

二、公關活動成功的四大關鍵要素與作為

(一) 提案分析與規劃邏輯

1. 議題具有獨創性。
2. 市場趨勢與潮流的正確評估。
3. 活動內容的豐富性及娛樂價值。
4. 如何能演變為街坊話題。
5. 評估媒體（或）消費者參與指標。
6. 充分的預算與人力。

(二) 現場連結與氣氛營造

1. 活動設計如何。
2. 主題式情境氛圍。
3. 視聽傳達效力。
4. 活動串場之時序。

5. 主持人之臨場效應。
6. 活動現場的掌控。

(三) 活動現場模擬與彩排

1. 人力資源清單與分工。
2. 人力機動支援網路。
3. 軟硬體設施定位與檢視。
4. 活動流程與時序銜接。
5. 整合動線推演與檢討。
6. 安全檢視與危機評估。
7. 氣候異動處理。

(四) 氛圍設計與時序

1. 開場：引發與會者注意力。
2. 暖場：預告活動主要內容。
3. 串場：避免冷場。
4. 高峰：整場活動聚焦的重點。
5. 結束：活動圓滿成功。

三、如何評估公關活動的效益表現

廠商評估公關公司辦理公關活動的效益，可有下列幾個方向：

(一) 現場人潮及滿意度

現場活動的人潮及對此活動展現的滿意程度如何。如果舉辦現場（戶外或室內）的人潮踴躍，超過預期目標人數，以及他們對此活動的展現也表示出滿意的程度，則表示此活動算是成功的。

(二) 點閱人數

如果有兼做網路活動，那麼上網點閱人數及觀看人數的多寡，也可顯示此活動是否成功。

(三) 媒體報導露出則數

從媒體的曝光量來看，是否在各電視、報紙及網路主流媒體露出？版位及篇幅大小如何？露出則數多少？以及是否能夠造成媒體話題？

(四) 無形效益

再來，其潛在間接的無形效益如何？例如，此活動對廠商的企業形象、品牌效益、品牌知名度等提升多少？

(五) 最後，有些公關活動也對廠商業績的提升，是否帶來明顯的短期助益

四、廠商如何挑選公關公司合作的指標

1. 提案是否具有「創意力」。
2. 過去的「執行力」是否受到肯定。
3. 「口碑」如何，可多打聽看看。
4. 「配合默契」如何。
5. 「預算」管理能力如何？亂花錢是大忌，切記能善用客戶每分錢。
6. 是否細心？好的公關公司能協助客戶注意到更小的事情。
7. 熱誠度如何？有熱誠投入，才會有源源不絕的創意及執行力做好公關服務。
8. 經驗如何？公關活動的種類也區分很多種，每一家公關公司的專長也會有所不同。

五、舉辦一場新產品發表記者會，應準備事宜

1. 地點（場所）選擇、室內或戶外。
2. 時間、日期。
3. 活動及流程（Run Down）設計。
4. 場景布置。
5. 是否有代言人及出席。

6. 主持人挑選及主持人腳本。
7. 整個流程的掌控。
8. 老闆致詞稿準備。
9. 重量級貴賓致詞稿準備。
10. 重量級客戶致詞稿準備。
11. 貴賓及媒體記者邀請名單。
12. 媒體問答（Q&A）預想準備。
13. 出席記者的資料袋準備。
14. 贈品準備。
15. 手提袋印製準備。
16. 現場餐點準備。
17. 現場位置區座位安排準備。
18. 現場招待人員準備。
19. 舞臺、燈光、錄影準備。
20. 預算編列。
21. 其他事項。

六、國內員工人數較多的公關公司

茲列舉國內較大型的公關公司供參考，如下：

1. 21 世紀公關（奧美公關）。
2. 先勢公關集團。
3. 聯太公關。
4. 楷模公關。
5. 知申公關。
6. 威肯公關。
7. 凱旋公關。
8. 萬博宣偉公關。
9. 經典公關。
10. 精采公關。
11. 精英公關集團。
12. 戰國策公關。
13. 頎德公關。
14. 雙向公關。
15. 縱橫公關。
16. 理登公關。
17. 博思公關。
18. 達豐公關。
19. 愛德曼公關。

玖、整合行銷企劃撰寫

當廠商面對新產品上市、既有產品重新包裝上市或重大推動某產品的行銷活動或大型週年慶促銷檔期時，經常會使用所謂的整合行銷的操作方法，茲簡述如下：

一、行銷致勝的「全方位整合行銷＆媒體傳播策略」圖示

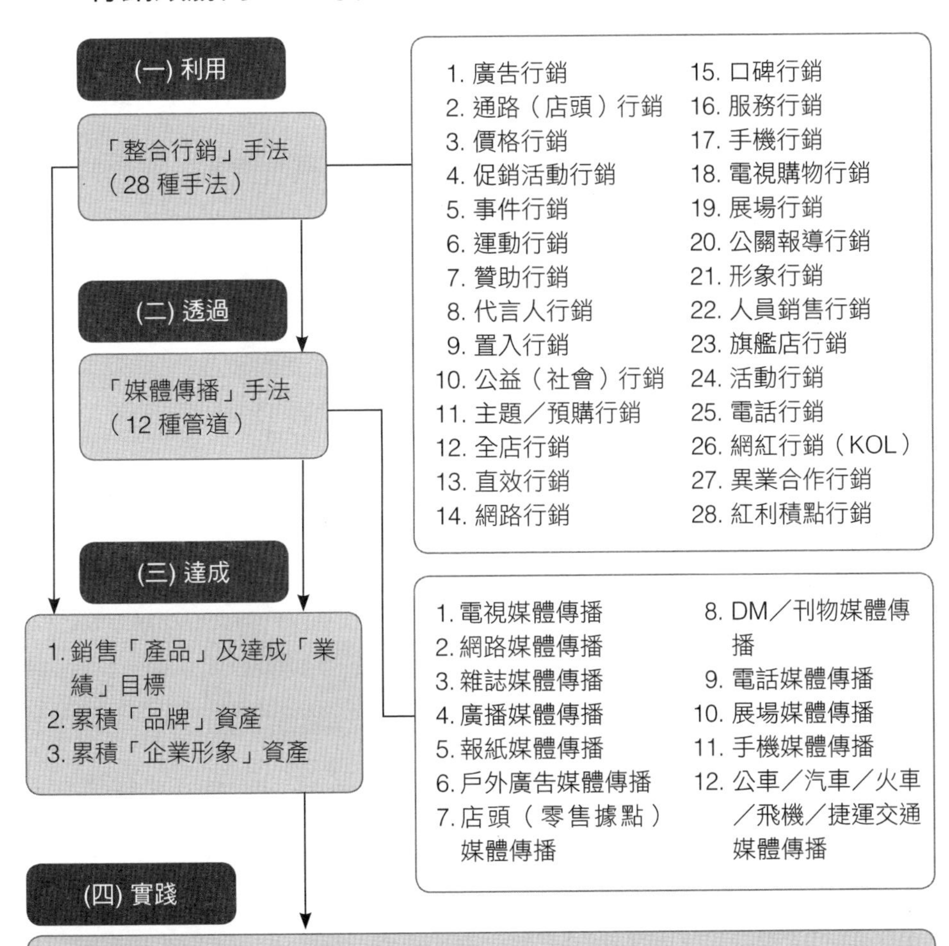

二、行銷致勝的「360° 整合行銷＆媒體傳播策略」圖示

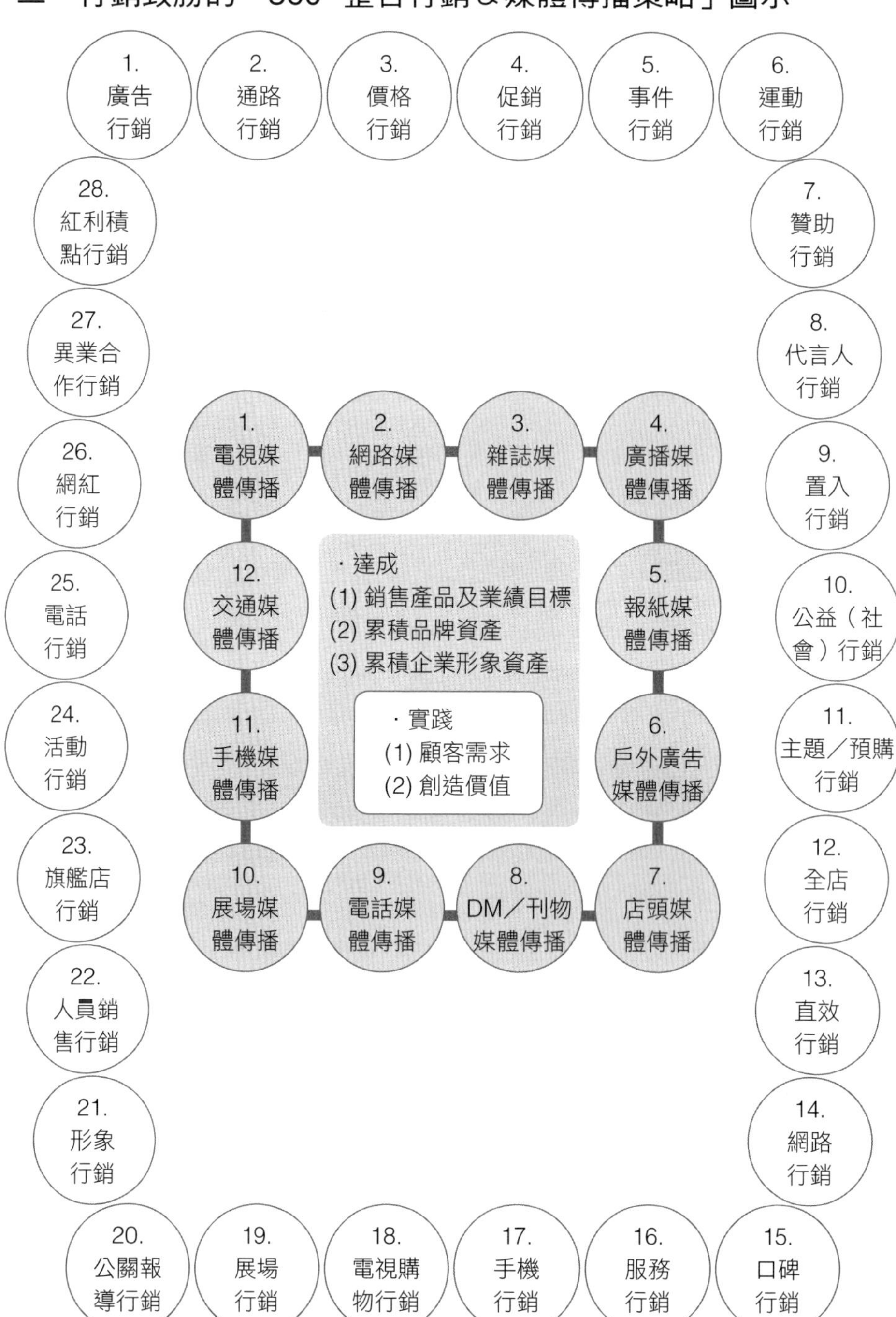

三、整合行銷的 28 種方法

「整合行銷」的28種方法

1. 廣告行銷
   - 電視 CF 廣告片製作
   - 報紙稿、廣播稿、雜誌稿與網路廣告文案設計及美編特輯

2. 通路（店頭）行銷（經銷商／零售商）
   - 店頭／賣場 POP 廣告製作物
   - 店招牌補助
   - 招待旅遊
   - 經銷商大會

3. 價格行銷
   - 折扣戰（短期的）
   - 降價戰（長期的）
   - 價格差異化

4. 促銷活動行銷
   - 滿千送百
   - 大抽獎
   - 免息分期付款
   - 購滿贈
   - 加價購
   - 買 1 送 1
   - 紅利積點換商品

5. 事件行銷
   - LV 中正紀念堂 2,000 人大型時尚派對
   - SONY Bravia 液晶電視在 101 大樓跨年煙火秀

6. 運動行銷
   - 國內職棒／高爾夫球賽
   - 世界盃足球賽事冠名權
   - 美國職籃、職棒賽事

7. 贊助行銷
   - 藝文活動贊助
   - 宗教活動贊助
   - 教育活動贊助

8. 代言人行銷
   - 為某產品或品牌代言，例如，林志玲、張鈞甯、桂綸鎂、蔡依林、楊丞琳、金城武等

9. 置入行銷
   - 將產品或品牌置入新聞報導、節目或電影內

10. 公益（社會）行銷
- P&G 的 6 分鐘護一生
- 中國信託銀行的聯合勸募
- 各公司的捐助

11. 主題行銷／預購行銷
- 母親節預購蛋糕
- 過年預購年菜
- 北海道螃蟹季
- 中秋節預購月餅

12. 全店行銷
- 7-11 的 Hello Kitty 活動

13. 直效行銷
- 郵寄 DM 或產品目錄
- VIP 活動
- 會員招待會

14. 網路行銷
- 網路廣告呈現
- 網路活動專題企劃
- E-DM（電子報）
- 網路直播導購

15. 口碑行銷
- 會員介紹、會員活動（MGM）
- 社群正評口碑散布

16. 服務行銷
- 各種優質、免費服務提供
- 例如：五星級冷氣免費安裝、汽車回娘家免費健檢、小家電終身免費維修

17. 手機行銷
- 手機廣告訊息傳送
- 手機購票
- 手機購物
- 手機影音觀看

18. 電視購物行銷
- 新產品上市宣傳
- 對全球經銷商教育訓練

19. 展場行銷（貿協展覽行銷）
- 資訊電腦展
- 連鎖加盟展
- 汽車展
- 手遊展
- 美容醫學展
- 書展
- 旅遊展
- 3C展

20. 公關報導行銷
- 各大媒體正面的報導
- 各種發稿能見報

21. 形象行銷
- 各種比賽獲獎或專業雜誌正面報導（產品設計獎、品牌獎、服務獎、形象獎等）
- 善盡企業社會責任的公益行銷

22. 人員銷售行銷
- 直營店、門市店、營業所、旗艦店、分公司、百貨公司專櫃等人員銷售組織

23. 旗艦店行銷
- 各大名牌精品、名牌手錶、名牌皮包、名牌鑽石、名牌服飾等之旗艦店開幕及營運

24. 活動行銷
- 除上述以外的各種活動舉辦

25. 電話行銷（T／M）
- 透過電話進行銷售行動
- 例如：壽險、基金、汽車貸款、銀行貸款等

26. 網紅 KOL 行銷
- 利用知名網紅的貼文、貼圖及短影音，藉以宣傳及推薦本公司品牌及產品

27. 異業合作行銷（聯名行銷）
- A 品牌與 B 品牌合作之行銷活動

28. 紅利積點行銷
- 紅利集點卡之累計點數行銷活動

四、成功整合行銷「傳播工具力」

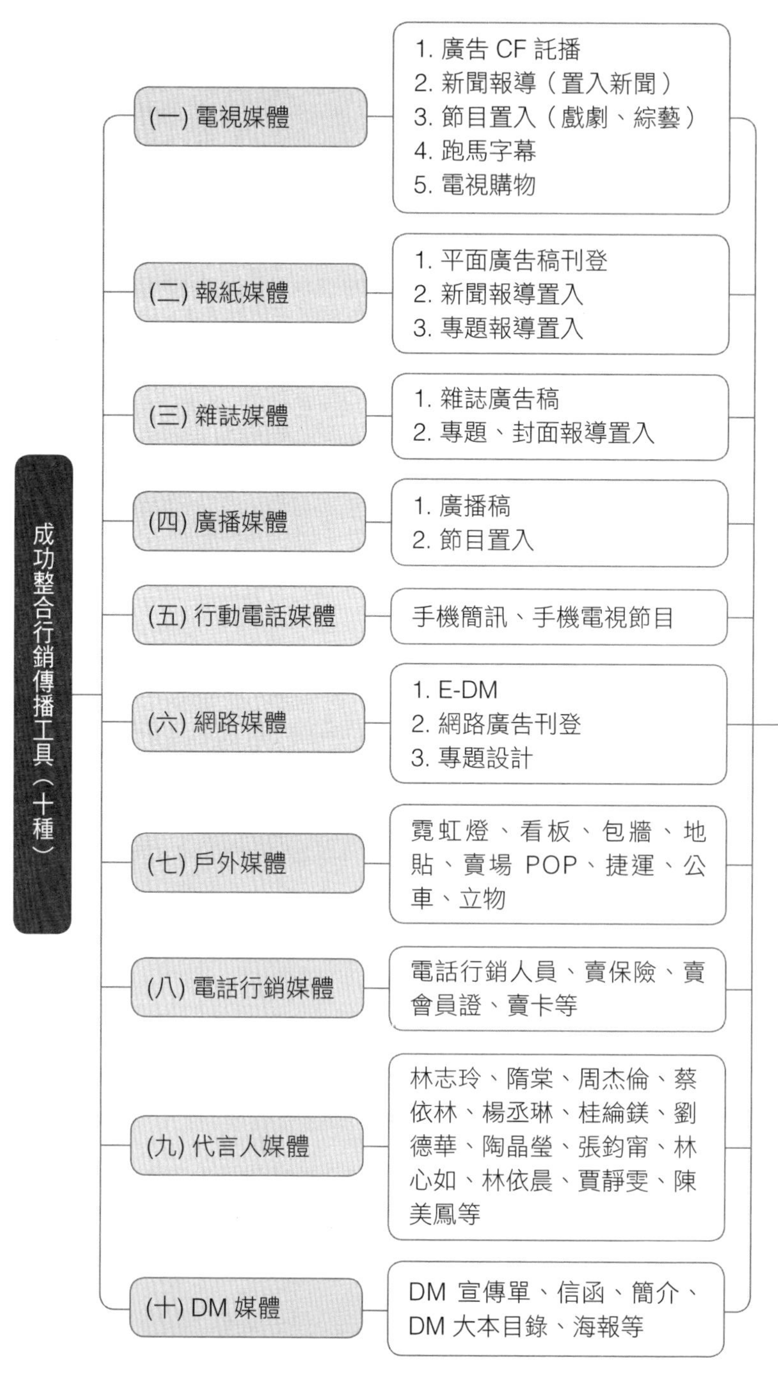

五、整合行銷傳播成功十大要素

全方位整合行銷&媒體傳播策略十大關鍵成功要素

(一) 檢視產品力本質
必須能滿足顧客需求，創造顧客價值，具差異化特色，有一定品牌水準，與競爭對手相較，有一定競爭力可言

(二) 充分利用外部協辦單位
包括廣告公司、媒體公司、整合行銷公司、公關公司、網路公司、製作公司之資源、專長與豐富經驗

(三) 抓住切入點及訴求點
行銷活動及廣宣活動，要抓住有力的切入點及訴求點，才會引爆話題

(四) 媒體呈現應具創意性
各種電視、報紙、網路、戶外、交通等媒體工具的呈現，應具創意性，能夠吸引人的目光及注視

(五) 吸引媒體報導的興趣
媒體不願或缺乏興趣報導，或因低收視率／低閱讀率而不報導，將會浪費行銷資源

(六) 足夠行銷預算資源的投入
巧婦難為無米之炊，沒有準備充分預算，行銷不易成功

(七) 一波接一波行銷活動投入的持續性及延續性，不能中斷掉

(八) 內部各協力單位良好分工合作及溝通協調，避免本位主義或分工權責不清

(九) 整合性的運用各種行銷手法及媒體手法的組合搭配，發揮綜效

(十) 評估效益與隨時調整因應改變
對每一個活動，事中及事後應充分評估及衡量其成本效益分析，缺乏效益的行銷活動應即刻改變或喊停

拾、行銷企劃與市場調查

一、為何要做市調

企業經營在實務上，不免要做一些市調專案，企業行銷部門、產品研發部門或業務部門為什麼要做市調呢？最主要的目的，就是希望能夠透過市調，以取得科學化數據資料作為基礎，以利於公司高階層做相關的「行銷決策」（Marketing Decision）。包括：產品決策、定價決策、研發決策、通路決策、品牌決策、廣告決策、服務決策等各種行銷決策。

因此：

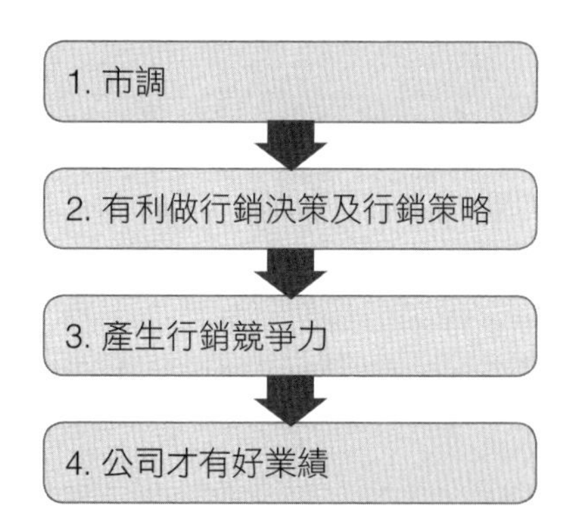

二、市調研究的主題

就細節而言，市調的執行主題，有很多面向及項目。有關實務上市調研究的主題，大致如下圖所示：

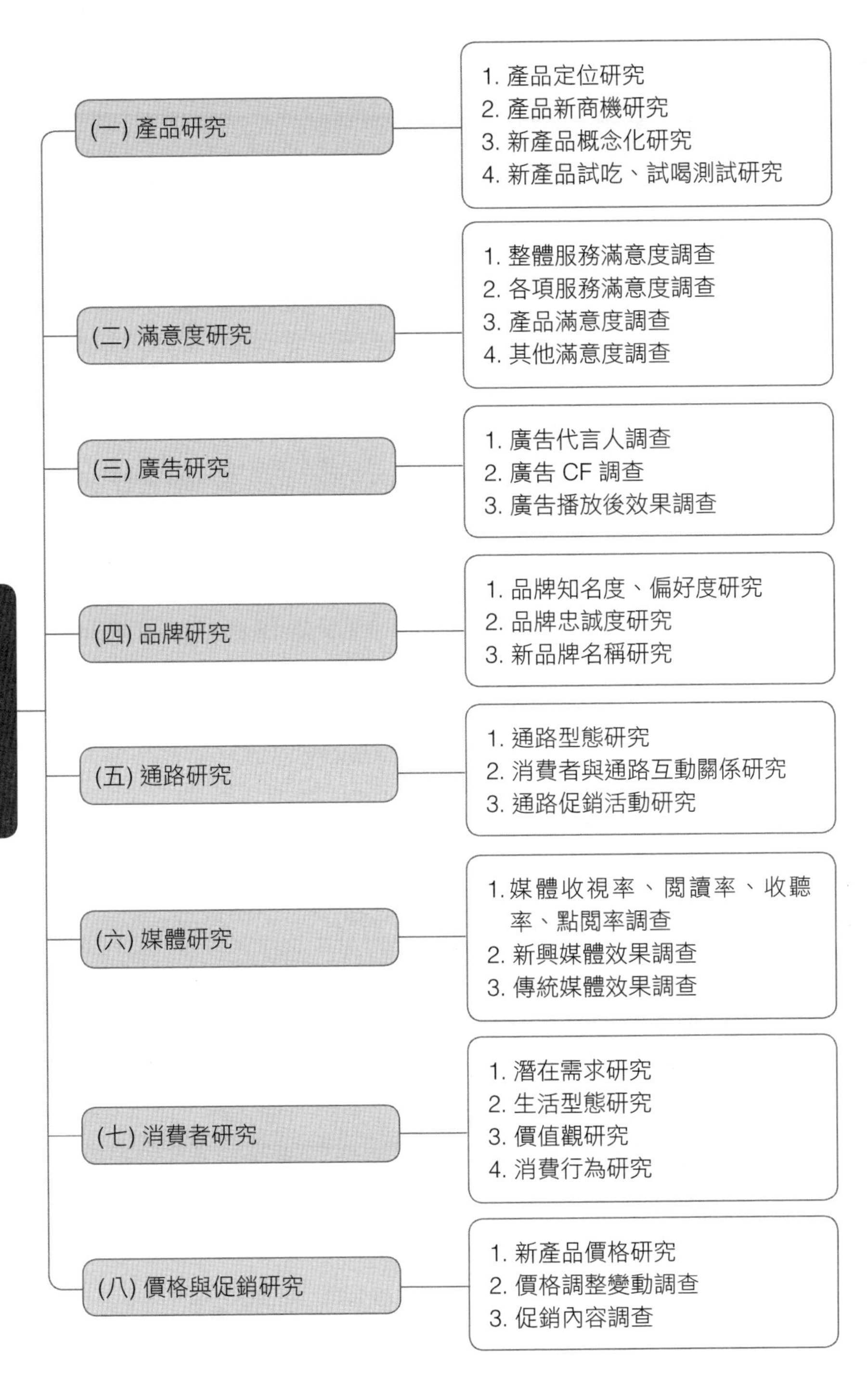
市調研究主題
(一) 產品研究
1. 產品定位研究
2. 產品新商機研究
3. 新產品概念化研究
4. 新產品試吃、試喝測試研究
(二) 滿意度研究
1. 整體服務滿意度調查
2. 各項服務滿意度調查
3. 產品滿意度調查
4. 其他滿意度調查
(三) 廣告研究
1. 廣告代言人調查
2. 廣告 CF 調查
3. 廣告播放後效果調查
(四) 品牌研究
1. 品牌知名度、偏好度研究
2. 品牌忠誠度研究
3. 新品牌名稱研究
(五) 通路研究
1. 通路型態研究
2. 消費者與通路互動關係研究
3. 通路促銷活動研究
(六) 媒體研究
1. 媒體收視率、閱讀率、收聽率、點閱率調查
2. 新興媒體效果調查
3. 傳統媒體效果調查
(七) 消費者研究
1. 潛在需求研究
2. 生活型態研究
3. 價值觀研究
4. 消費行為研究
(八) 價格與促銷研究
1. 新產品價格研究
2. 價格調整變動調查
3. 促銷內容調查

三、市調研究的二大類型

實務上，市調研究的執行面，可以區分為二大類型，一個稱為「量化」研究，另一個稱為「質化」研究。其執行的方法，如下圖所示：

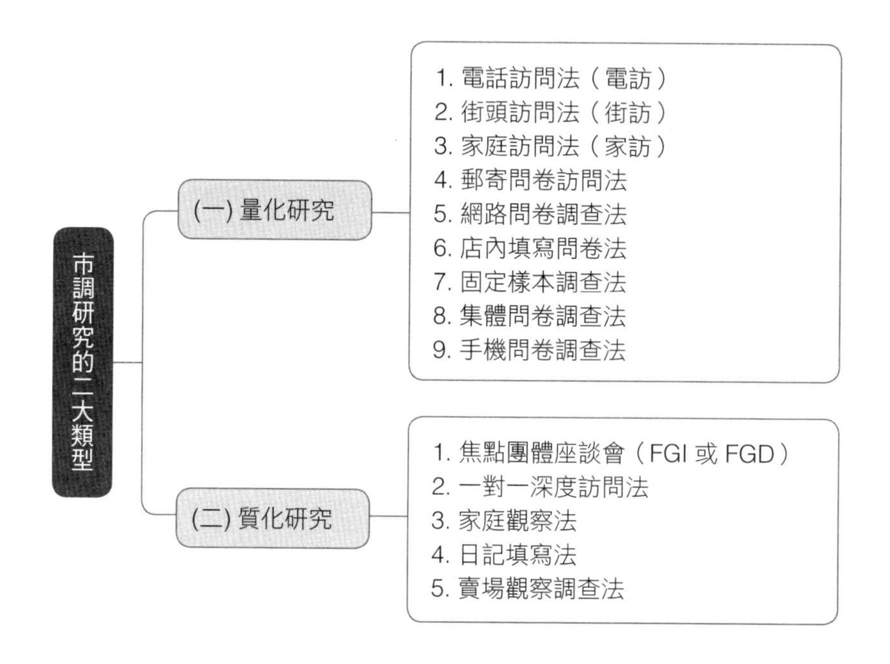

四、有哪些比較有名的市調公司

茲列示幾家比較大的、比較有名的市調公司，可供參考：

1. 尼爾森公司市調部門。
2. 凱度公司（Kantar，奧美集團）。
3. 東方線上公司（E-ICP）。
4. 益普索公司。
5. 全國意向民調公司。
6. 創市際公司（網路民調）。
7. 相關大學附設的民調中心（世新大學）。
8. 全方位市調公司。

五、市調的對象

市調的對象，依每次各公司的需求而有所不同。一般而言，可有二種對象：

一是內部對象，即是公司資料庫所擁有的顧客；包括 VIP 會員、一般會員、卡友、網友、來店顧客留下的資料等均屬之。

二是外部對象；包括外部的一般消費大眾或特定族群等。

六、市調客戶來源

市調公司的委託客戶來源，大致有三大類：

一是廠商（廣告主），這主要都是一些比較大型的外商品牌公司或本土品牌大公司。例如：P&G（寶僑）、聯合利華、統一企業、味全企業、麥當勞公司、萊雅、TOYOTA 汽車、Panasonic、桂格……等。

二是廣告代理商，他們都是為廣告主做市調研究。

三是媒體代理商，也是受廣告主委託協助做市調研究。

七、市調費用

一般來說，市調費用比電視廣告費便宜很多，大致是：

1. 一場 FGI（焦點團體座談會），約 10 萬元～15 萬元之間。
2. 一次 1,000 人份的電話訪問問卷，約 20 萬元～35 萬元之間。

即使是一般大公司，年度的市調費也都會控制在 100 萬元以內。這與電視廣告費的幾千萬元到上億元，相對便宜很多。

八、委外市調流程

1. 公司有某些市調需求產生

2. 然後，找來有名的市調公司，對他們做需求簡報及說明目的

3. 接著，過幾天後，請市調公司提出此次市調的電訪問卷設計初稿或焦點訪問問題初稿

4. 針對問卷內容進行討論及修正。問卷確定後，併同報價單及合約書上呈上級裁示

5. 上級核定後，即由市調公司展開執行（約需 3 週～1 個月時間）

6. 執行時，可赴市調公司現場參觀及訪視

7. 市調公司執行完成後，即展開問卷的統計、資料分析及報告撰寫

8. 報告完成後，即赴本公司做結果簡報並交付報告書

9. 結案與請款

九、市調的原則及應注意事項

在實務上，行銷人員對市調的執行原則，有幾項值得遵循：

1. 有些市調，例如滿意度調查應該定期做，用較長時間去追蹤市調的結果狀況。
2. 市調應以量化調查為主，質化調查為輔。量化調查較具科學數據效益，而且廣度比較夠；而質化調查則較具深度。

3. 市調的問卷設計內容及邏輯性，行銷人員應該很用心、細心的去思考，並且與相關部門人員討論，以收集思廣益之效。並且明確找出公司及該部門真正的需求，以及找到問題解決的答案。
4. 針對市調的數據結果，行銷人員應仔細的加以詮釋、比對及應用。
5. 市調應注意到可信度，故對挑選市調公司及監督市調執行，都應加以留意及多予要求。

拾壹、新產品上市記者會企劃案撰寫要點

1. 記者會主題名稱與記者會目標／目的。
2. 記者會日期與時間。
3. 記者會地點。
4. 記者會主持人建議人選。
5. 記者會進行流程（Run Down）：含出場方式、來賓講話、影片播放、表演節目安排等。
6. 記者會現場布置概示圖。
7. 記者會邀請媒體記者清單及人數。
   (1) TV（電視臺）出機：TVBS、三立、中天、東森、民視、非凡、寰宇、年代等八家新聞臺。
   (2) 報紙：聯合、中時、自由、經濟日報、工商時報。
   (3) 雜誌：商周、天下、遠見、今周刊。
   (4) 網路：聯合新聞網、Nownews、中時新聞網、ETtoday、自由電子報、雅虎奇摩新聞網。
8. 記者會邀請來賓清單及人數：包括全臺經銷商代表。
9. 記者會準備資料袋（包括新聞稿、紀念品、產品 DM 等）。
10. 記者會代言人出席及介紹。
11. 記者會現場座位安排。
12. 現場供應餐點及份數。
13. 各級長官（董事長／總經理）講稿準備。
14. 現場錄影準備。
15. 現場保全安排。
16. 記者會組織分工表及現場人員配置表，包括：企劃組、媒體招待組、總務組、業務組等。
17. 記者會本公司出席人員清單及人數
18. 記者會預算表：包括：場地費、餐點費、主持人費、布置費、藝人表演

費、禮品費、資料費、錄影費、雜費等。

19. 記者會後安排媒體專訪。

20. 記者會後事後檢討報告（效益分析）：

    (1) 出席記者統計。

    (2) 報導則數統計。

    (3) 成效反應分析。

    (4) 優缺點分析。

拾貳、新產品開發到上市之流程企劃

一、新產品上市的重要性

新產品開發與新產品上市，是廠商相當重要的一件事。主要目的有：

(一) 取代舊產品

消費者會有喜新厭舊感，因此舊產品十年、二十年久了之後，銷售量可能會衰退，必須有新產品或改良式產品替代之。

(二) 增加營收額

新產品的增加，對整體營收額的持續成長也會帶來助益。如果一直沒有新產品上市，企業營收就不會成長。

(三) 確保品牌地位及市占率

新產品上市成功，也可能確保本公司的領導品牌地位或市場占有率的地位。

(四) 提高獲利

新產品上市成功，也可望增加本公司的獲利績效。例如像美國蘋果電腦公司，連續成功推出 iPod 數位隨身聽、iPhone 手機及 iPad 平板電腦，使該公司近十年內的獲利水準均保持在高檔。

(五) 帶動人員士氣

新產品上市成功，會帶動本公司業務部及其他全員的工作士氣，發揮潛力，使公司更加欣欣向榮，而不會死氣沉沉。

二、新產品開發到上市的流程步驟

廠商從新產品開發到上市是一個複雜的過程，如 P.54～55 圖示，並簡述如後：

(一) 產品創意概念產生

首先，是新產品概念的產生或新產品創意的產生。這些概念或創意的產生來源，可能包括：

1. 研發（R&D）部門主動提出。
2. 行銷企劃部門主動提出。
3. 業務（營業）部門主動提出。
4. 公司各單位提案的提出。
5. 老闆提出。
6. 參考國外先進國家案例提出。
7. 委託外面研發設計公司提出。

(二) 可行性初步評估（Feasibility Study）

其次，公司相關部門可能會組成跨部門的新產品審議小組，針對新產品的概念及創意，展開互動討論，並評估是否具有市場性及可行性。

這個新產品審議小組成員，可能包括：業務部門、行銷企劃部門、研發部門、工業設計部門、生產部門、採購部門等六個主要相關部門。可行性評估的要點，包括：

1. 市場性如何？是否能夠賣得動？消費者是否有需要？是否會買？
2. 與競爭者的比較如何？是否具有優越性？
3. 產品的獨特性如何？差異化特色如何？創新性如何？
4. 產品的訴求點如何？
5. 產品的生產製造可行性如何？
6. 產品原物料、零組件採購來源及成本多少？
7. 產品的設計問題如何？能否克服？
8. 國內外是否有類似性產品？發展如何？經驗如何？
9. 產品的目標市場為何？需求量是否夠規模化？
10. 總結，產品的成功要素如何？可能失敗要素又在哪裡？如何避免？
11. 產品的售價估計多少？市場可否接受？

12. 新產品市場規模有多大？是否足夠大？

(三) 試作樣品（Sample）

接下來，通過可行性評估之後，即由研發及生產部門展開試作樣品，以供後續各種持續性評估、觀察、市調及分析工作進行。

(四) 展開市調及消費者測試

在試作樣品出來之後，新產品審議小組即針對試作品展開一連串精密的與科學化的翔實市調及測試。

1. 市調的項目，可能包括：
   (1) 產品的品質如何？
   (2) 產品的功能如何？
   (3) 產品的口味如何？
   (4) 產品的包裝、包材如何？
   (5) 產品的外觀設計如何？
   (6) 產品的品名（品牌）如何？
   (7) 產品的定價如何？
   (8) 產品的宣傳訴求點如何？
   (9) 產品的造型如何？
   (10) 產品的賣點如何？
2. 而市調及檢測的進行對象，可能包括：
   (1) 內部員工。
   (2) 外部消費者、外部會員。
   (3) 通路商（經銷商、代理商、加盟店）。
3. 在市調進行的方法，可能包括：
   (1) 臉書社團網路會員市調問卷。
   (2) 焦點團體討論會（FGI、FGD）。
   (3) 盲目測試（Blind Test，即不標示品牌名稱的試飲、試吃、試穿、試乘）（簡稱盲測）。

(4) 家庭留置問卷訪問。

(5) 內部員工試吃、試喝測試，並打分數。

(五) 試作品改良

試作品針對各項市調及消費者的測試意見，將會持續性展開各項改良、改善、強化、調整等工作，務使新產品達到最好的狀況呈現。改良後的產品，常會再一次進行市調，直到消費者表達滿意及 OK 為止。

(六) 定價格

接下來，業務部將針對即將上市的新產品展開定價決定的工作。訂定市場零售價及經銷價是重要之事，價格訂不好，將使產品上市失敗，如何訂一個合宜、可行且市場又能接受的價格，必須考慮下列幾點：

1. 是否有競爭品牌？他們的定價多少？
2. 是否具有產品的獨特性？
3. 產品所設定的目標客層是哪些人？
4. 產品的定位在哪裡？
5. 產品的基本成本及應分攤管銷費用是多少？
6. 產品的生命週期處在哪一個階段性？
7. 產品的品類為何？品類定價的慣例為何？
8. 市場經濟的景氣狀況？
9. 是否有大量廣宣費用投入？
10. 消費者市調結果如何？可做參考。

(七) 評估銷售量及開始製造／生產

接著，業務部應根據過去經驗及判斷力，評估這個新產品每週或每月應有的銷售量，避免庫存積壓過多或損壞，並且準備即將進入量產計畫了。

(八) 全面鋪貨上架

業務部同仁及各地分公司或辦事處人員，即應展開全臺各通路全面性鋪貨上架的聯繫、協調及執行的實際工作。

鋪貨上架務必盡可能普及到各種型態的通路商及零售商。尤其是，占比量大的各大型連鎖量販店、超市、便利超商、百貨公司專櫃、美妝店、3C店、藥妝店等，以及電商網購通路。

(九) 舉行記者會

在一切準備就緒之後，行銷企劃部就要與公關公司合作或是自行舉行新產品上市記者會，以作為打響新產品知名度的第一個動作。

(十) 整合型廣宣活動展開

鋪好貨幾天後，即要迅速展開全面性整合行銷與廣宣活動，以打響新品牌知名度及協助促進銷售。這些密集的廣宣活動，可能包括精心設計的：

1. 電視廣告播出。
2. 平面廣告刊出。
3. 公車廣告刊出。
4. 戶外牆面廣告刊出。
5. 網路廣告刊出。
6. 促銷活動的配合。
7. 公關媒體報導露出的配合。
8. 店頭（賣場）行銷的配合。
9. 評估是否需要知名代言人，以加速帶動廣宣效果。
10. 異業合作行銷的配合。
11. 免費樣品贈送的必要性。
12. 還有其他行銷活動。

(十一) 觀察及分析銷售狀況

接著，業務部及行銷企劃部必須共同密切注意每天 POS 銷售資訊系統傳送回來的各通路實際銷售數字及狀況，了解是否與原訂目標有所落差。

(十二) 最後，檢討改善

最後，如果是暢銷的話，就應歸納出上市成功的因素。若是銷售不理想，則就應分析滯銷原因，研擬因應對策及改善計畫，即刻展開回應與調整。

如果一個新產品在六個月內均無起色，就會陷入苦戰了。若一年內救不起來，則可能要考慮放棄下架，而宣告上市失敗，並記取失敗教訓因素。

如果銷售普通，則可以持續進行改善，一直到轉好為止。

新產品開發到上市之流程步驟

(一) 創意概念
新產品概念及創意產生

↓

(二) 市場性評估
針對新產品概念展開開會討論及評估可行性

↓

(三) 試作品
可行後，做出試作品

↓

(四) 市調與測試
針對試作品的包裝、設計、口味、功能、品質、包材、品名（品牌）、定價、訴求點等，展開消費者市調工作，以確認市場可行性

↓

(五) 產品改良
試作品根據市調，持續性進行改良及再市調

↓

(六) 定價格
業務部決定價格（售價）

↓

(七) 評估銷售量及量產
業務部評估每週、每月的可能銷售量，準備進入量產

↓

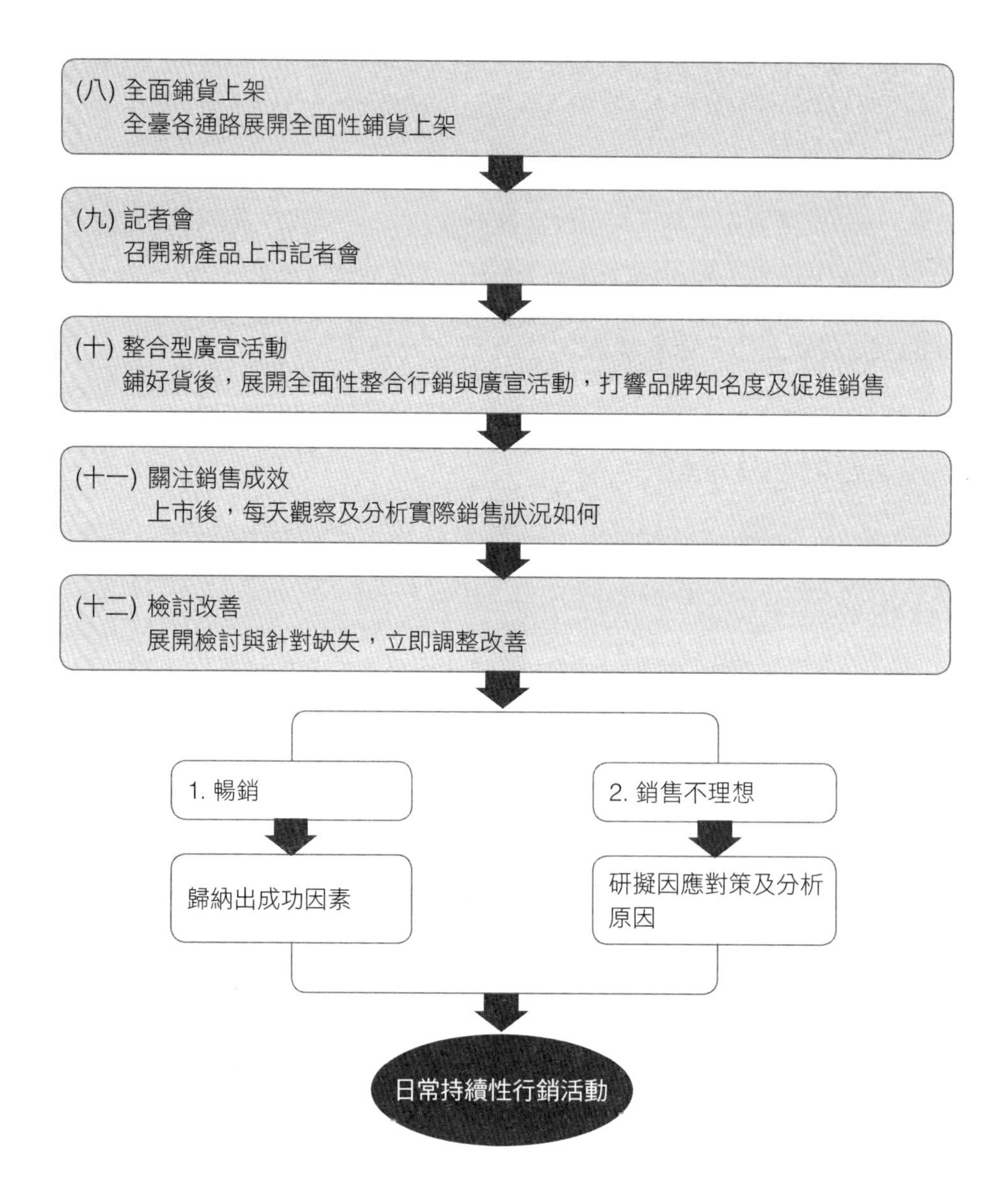
(八) 全面鋪貨上架
全臺各通路展開全面性鋪貨上架
(九) 記者會
召開新產品上市記者會
(十) 整合型廣宣活動
鋪好貨後，展開全面性整合行銷與廣宣活動，打響品牌知名度及促進銷售
(十一) 關注銷售成效
上市後，每天觀察及分析實際銷售狀況如何
(十二) 檢討改善
展開檢討與針對缺失，立即調整改善
1. 暢銷
歸納出成功因素
2. 銷售不理想
研擬因應對策及分析原因
日常持續性行銷活動

三、新產品開發及行銷上市審議小組組織表（以某食品飲料公司為例）

(一) 組織表圖示

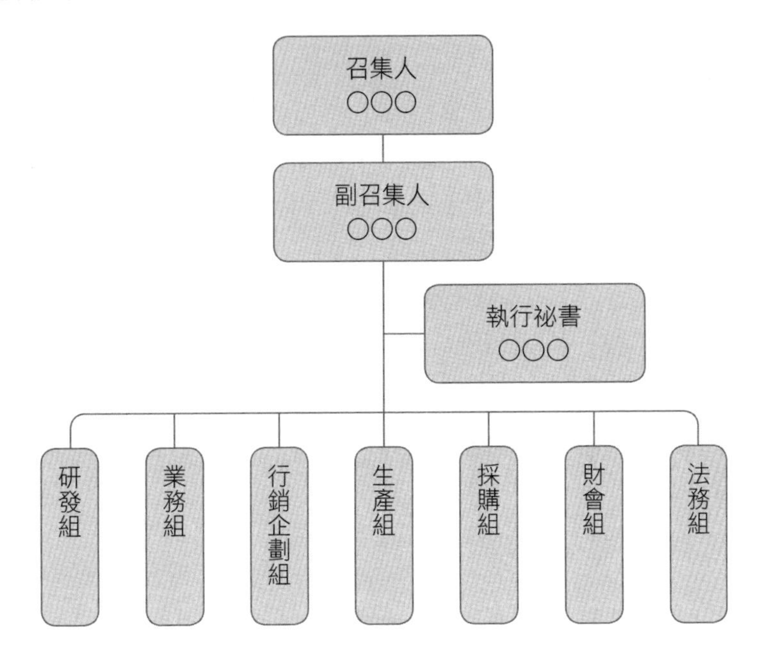

(二) 各組工作職掌

1. 研發組

(1) 負責新產品創意及概念產生。

(2) 負責新產品研究開發及設計工作。

2. 業務組

(1) 負責新產品最終可行性評估工作。

(2) 負責新產品通路上架鋪貨事宜。

(3) 負責新產品價格訂定事宜。

(4) 負責新產品業績目標達成之事宜。

3. 行銷企劃組

(1) 負責新產品概念及創意來源。

(2) 負責新產品市調及測試事宜。

(3) 負責新產品上市記者會召開之規劃及執行事宜。

(4) 負責新產品上市之整合行銷及廣宣、公關事宜。

4. 生產組

(1) 負責新產品生產製造及品質控管事宜。

(2) 負責新產品物流配送事宜。

5. 採購組

(1) 負責新產品原物料議價、簽約及採購事宜。

(2) 負責採購成本控制事宜。

6. 財會組

(1) 負責新產品成本試算事宜。

(2) 負責新產品價格分析事宜。

(3) 負責新產品損益試算事宜。

7. 法務組

負責新產品商標及品牌權利之申請登記事宜。

四、新產品開發及上市成功十大要素

依據眾多實戰經驗顯示，新產品開發及上市成功的十大要素，包括如下：

(一) 充分市調及測試，要有科學數據的支撐

新產品概念的產生、可行性評估、試作品完成討論及改善、定價的可接受性等，行銷人員都必須有充分多次的市調，以科學數據為支撐，唯有澈底聽取內部員工及目標消費群的真正聲音，這是新產品成功的第一要件。

(二) 產品要有獨特銷售賣點作為訴求點

新產品在設計開發之初，即要想到有什麼可作為廣告訴求的有力點，以及對目標消費群有利的所在點。這些即是 U.S.P.（Unique Sales Point）獨特銷售賣點，以與別的競爭品牌區隔，而形成自身的特色。

(三) 適當的廣宣費用投入且成功打出新品牌知名度

新產品沒有知名度，當然需要投入適當的廣宣費用，並且有創意地成功呈現出來，以打響這個產品及品牌的知名度，有了知名度就會有下一步可走，否則走不下去。因此，廣告、公關、媒體報導、店頭行銷、促銷等，均要好好規劃。新產品第一年度廣宣投入至少要 3,000 萬元～1 億元。

(四) 定價要有物超所值感

新產品定價最重要的是，讓消費者感受到物超所值感才行。尤其在庶民經濟及景氣低迷消費保守的環境中，平價（低價）為主的守則不要忘了。定價是與「產品力」的表現做對照的，一定要有物超所值感，消費者才會再次購買。

(五) 找到對的代言人

有時候，為求短期迅速一炮而紅，可以評估是否花錢找到對的代言人，此可能有助於整體行銷的操作。過去，也有一些成功的案例，包括 SK-II、台啤、白蘭氏雞精、City Cafe、三星手機、Panasonic、日立、麥當勞、好來牙膏、維骨力、娘家滴雞精、維士比等均是。代言人一年雖花 300 萬元～1,000 萬元之間，但效益若有產生，仍是值得的。

(六) 全面性鋪貨上架，通路商全力支持

通路全面鋪貨上架及經銷商全力配合主力銷售，也是新產品上市成功的關鍵。這是通路力的展現。

(七) 品牌命名成功（好記、易唸、易表達）

新產品的命名若能很有特色、很容易記憶、很好喊出來，再加上大量廣宣的投入配合，此時品牌知名度就容易打造出來。例如像 City Cafe、維骨力、LEXUS 汽車、iPhone、iPad、Facebook（臉書）、SK-II、林鳳營鮮奶、舒潔、舒酸定牙膏、白蘭、潘婷、多芬、好來牙膏、dyson 吸塵器、王品牛排餐廳等均是。

(八) 產品成本控制得宜

產品要低價，則其成本就得控制得宜或是向下壓低。特別是向上游的原物料或零組件廠商要求降價是最有效的。

(九) 上市時機及時間點正確

有些產品上市要看季節性、要看市場環境的成熟度，若時機不成熟或時間點不對，則產品可能不容易水到渠成，要先吃一段苦頭，容忍虧本，以等待好時機到來。

(十) 堅守及貫徹「顧客導向」的經營理念

最後，成功要素的歸納總結點，即是行銷人員、研發人員、商品開發人員、廠商老闆們心中一定要時刻存著「顧客導向」的信念及做法，在此信念下，如何不斷的滿足顧客、感動顧客、為顧客著想、為顧客省錢、為顧客提高生活水準、更貼近顧客、更融入顧客的情境，然後不斷改革及創新，以滿足顧客變動中的內心需求及渴望。能夠做到這樣，廠商行銷沒有不成功的道理。

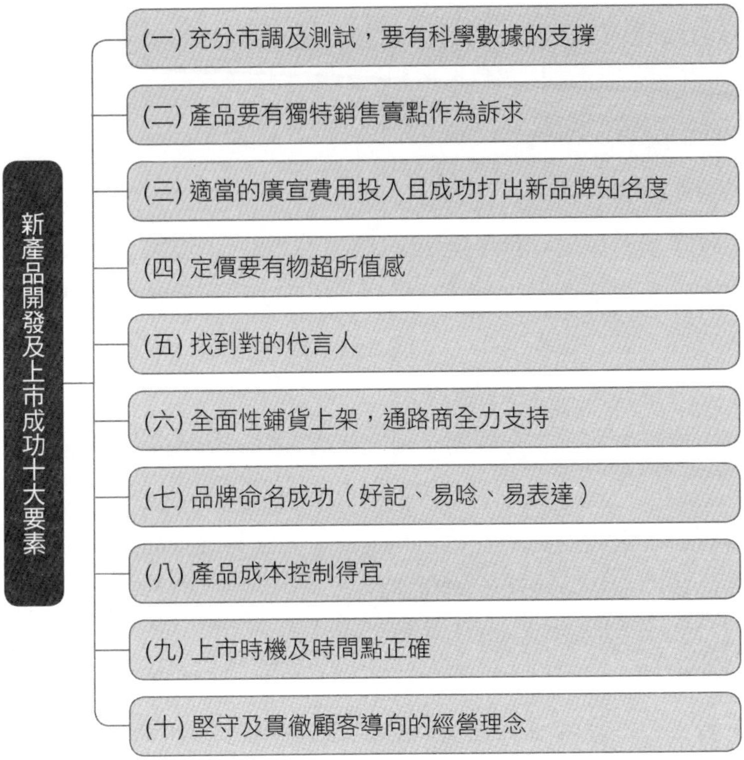

新產品開發及上市成功十大要素

- (一) 充分市調及測試，要有科學數據的支撐
- (二) 產品要有獨特銷售賣點作為訴求
- (三) 適當的廣宣費用投入且成功打出新品牌知名度
- (四) 定價要有物超所值感
- (五) 找到對的代言人
- (六) 全面性鋪貨上架，通路商全力支持
- (七) 品牌命名成功（好記、易唸、易表達）
- (八) 產品成本控制得宜
- (九) 上市時機及時間點正確
- (十) 堅守及貫徹顧客導向的經營理念

拾參、品牌年輕化行銷企劃撰寫要點

一、品牌老化的現象

品牌沒有永遠長青的，有時候也會面臨老化的現象，這些現象包括：

1. 業績逐年滑落衰退，年年無法達成預定目標，怎麼努力都救不起來。
2. 市占率亦呈現下滑現象，從領導品牌跌落到第五、第六名之後。
3. 購買客群年齡亦逐漸老化，以前三十歲年輕客群，現在已變成五十歲客群了，但年輕新客群卻沒進來。
4. 品牌印象被大眾認為是媽媽、阿姨使用的牌子，而不是年輕人使用購買的牌子。
5. 在零售店、百貨公司或大賣場的櫃位，被移到最裡面、最旁邊的、最不好的位置，被認為表現不佳的品牌。

二、案例

過去資生堂、靠得住、大同、歐蕾、克蘭詩、台啤、白蘭氏雞精、樺達錠等品牌，一度也曾面臨品牌老化危機，最後，經過精心規劃的品牌年輕化活動，終於使品牌再度復活起來。

三、品牌年輕化行銷企劃撰寫項目

對於推動一項品牌年輕化的行銷企劃活動，是必須深思熟慮，並且配合行企部、產品研發部、設計部、業務部等多個單位，共同集思廣益，才能想出最好的做法，成功拯救這個日漸老化的品牌。

執行品牌年輕化企劃案的大致項目，包括下列各項思考要點：

(一) SWOT 檢討分析

必須坦誠、認真、真心的面對自己公司及自己品牌的優點、缺點、商機及威脅等，展開深入及全方位的分析、評估、討論及做出總結。然後才能對症下藥，研討出比較有效的因應行銷對策。

(二) 開發新產品或改良舊產品的推出

品牌要年輕化，自然不可以用既有的舊產品來操作，這樣成功的機率是非常低的。因此，廠商研發部門必須努力開發出上市的新產品或改良舊產品。

改良舊產品可能包括：改良配方、改良口味、改良設計風格、改良包裝、改良品牌名稱、改良外觀設計、改良色系、改良功能、改良使用方式、改良容量、改良材質、改良品質等級、改良視覺感、改良創意等均屬之。

但不管是新產品或改良舊產品，最重要的是掌握以下原則：

1. 去除老化感，充滿展現年輕活力感。
2. 要有可以作為訴求的特色美、創意點或獨特銷售賣點（U.S.P.）。
3. 要有物超所值感的價值。
4. 要有超越競爭對手品牌的若干特色存在，不能輸他們。
5. 價位要有合理感，真正做到「平價、奢華」或「平價、有品質」的目標。
6. 要能帶給消費者真實的「利益」（Benefit），及滿足他們的潛在需求。
7. 最後，要形成好口碑、叫好又叫座，大家願意自動推薦這個產品。

總結上述，即要有「商品力」，商品力強不強、有沒有年輕感，決定了品牌年輕化成功與否的第一步驟及基礎點。

(三) 取一個全新品牌或副品牌

既然原有品牌已經老化或有不好印象形成，因此，當新產品推出或改良產品推出時，就必須慎重評估及命名一個新的品牌或搭配一個副品牌。

全新品牌或主品牌之下的副品牌，也會帶來品牌的新生命，或是易於操作行銷活動。當然，這個新品牌名稱也要取得好，易記、易說、易流傳。例如，資生堂以前推出「美人心機」年輕化品牌的新產品、樺達錠推出「硬」喉糖品牌等。

(四) 找一個最佳、最適當的年輕代言人

接著，品牌年輕化最好要有一個知名代言人，此人必須是年輕、形象

好、健康型、與產品屬性符合，且與目標客群一致，受到他們喜愛、花邊新聞不多、私生活嚴謹。

例如，像林志玲為華航及浪琴表代言，還有小 S、郭富城、賈靜雯、楊丞琳、蔡依林、阿妹、桂綸鎂、張鈞甯、吳姍儒、LuLu、許光漢、瘦子、茄子蛋、隋棠、楊謹華或大網紅 KOL等人的代言，亦有成功案例。當品牌老化時，必須下猛藥，找一個優質的表徵人物做代表，才易於引起宣傳話題及主軸。

(五) 喊出一句吸引人的 Slogan（廣告經典句）

最好透過廣告公司的創意，喊出一句吸引人上口的廣告經典句，更會有加分的效果。

例如，海尼根的「就是要海尼根」、麥當勞的「I'm lovin it」（我就喜歡）、統一超商的「有 7-11 真好」、白蘭氏雞精的「有精神，活力每一天」、台啤的「上青啦」、維他露「多喝水」的「沒事多喝水，多喝水沒事」等。

(六) 產品、品牌「重定位」

品牌年輕化也要搭配品牌的重定位（Repositioning），重新定出一個能夠表現新品牌的最新特色位置所在。讓消費者想到此品牌，就能體會出它有何特色、特質、表徵及代表什麼，而不是過去的老品牌、老印象。

(七) 目標族群（TA）重新訂定

品牌年輕化當然就是要抓住 20 歲～39 歲以內的年輕人或輕熟女族群。因為這群 TA（Target Audience，目標消費者）的消費力及消費頻率是最強的。因此，品牌年輕化也要重新設定年輕的 TA 是誰。

(八) 包裝及色系均要年輕化取向

不管是新產品或既有產品改良，最重要的是，它的外型包裝設計及色系都要以年輕化為取向。要經過市調評估，這種包裝及色系要是年輕人所偏愛的。

(九) 全方位整合行銷廣宣活動的推動

接下來，到了實際推動執行力時，最重要的就是要投入適當的行銷預算（至少 3,000 萬元～1 億元之間），展開整合行銷活動。這些全方位的行銷就是要打響、打活這個新產品、新品牌。這些活動，包括：

1. 電視廣告。
2. 戶外、公車廣告。
3. 網路廣告、社群廣告、網紅 KOL 行銷。
4. 記者會。
5. 公關活動。
6. 媒體報導露出。
7. 店頭（賣場）行銷廣宣活動。
8. 促銷活動配合。
9. 媒體專訪。
10. 體驗行銷活動。
11. 話題行銷活動。
12. 異業合作（聯名）行銷活動。
13. 其他必要行銷活動（例如置入新聞、置入節目等）。

(十) 訂出一個合理價格（售價）

業務部必須依新產品或改良產品的重新定位及目標客層屬性，再衡量競爭品牌狀況，訂出一個最適宜、最合理，既不令人感到貴，亦不會太低價的物超所值之售價，而讓大多數年輕消費者均可接受。

(十一) 人員銷售組織配合革新

為配合新產品、品牌年輕化及改良產品的隆重推出，公司的人員銷售組織亦應有一番革新，包括：百貨公司專櫃改裝設計、專櫃小姐制服換裝、直營門市店改裝、經營店招牌改裝換新、加盟店改裝換新，以及店內服務人員的服飾、配飾等，亦均須全面更新。

以上十一大點是品牌年輕化企劃撰寫過程中，應思考到的主要內容，至於細節，就要看個別產業及個別公司的實際狀況而加以填寫、填入。茲圖示如下：

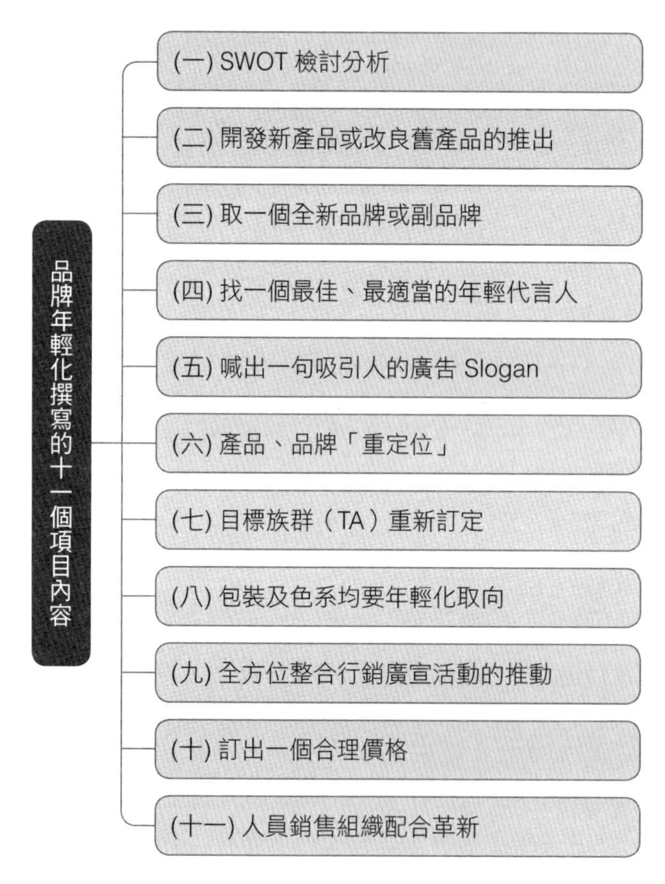

四、品牌年輕化工作小組編制表

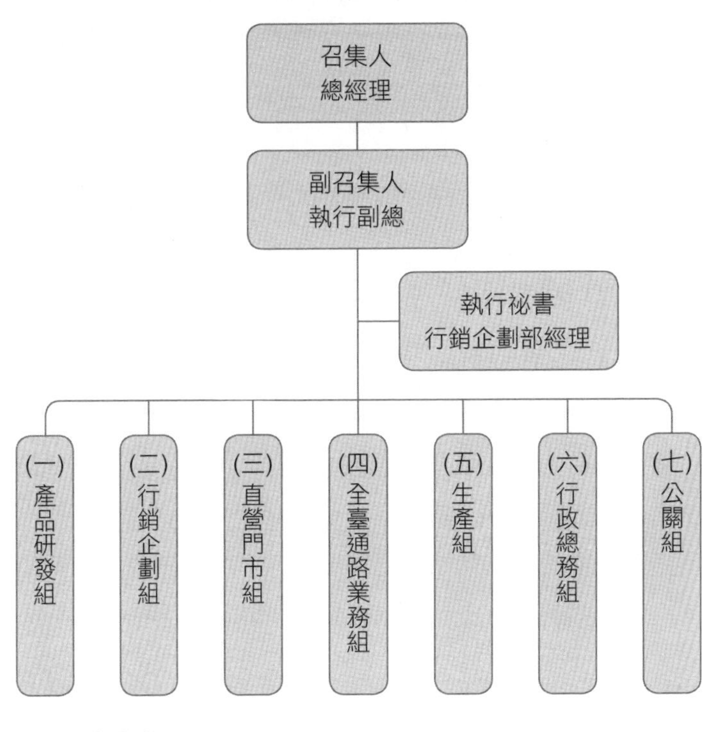

組長：○○○
組員：○○○
　　　○○○
　　　○○○
工作職掌：
(1)
(2)
(3)
(4)

拾肆、行銷企劃案撰寫的基礎架構內容

一、引言

本文將要介紹一個完整的「行銷企劃案」撰寫架構內容。這是一個完整的架構，涵蓋領域非常廣，也是一個完整的企劃案。但是在實務上，不一定需要寫出如此詳盡的內容與項目。因為企業實務上，每天都有新的狀況、新的作為出現，或是一些連續性、常態規律化的行動，未必每次都要提出如此完整的企劃案。

本文所要介紹的企劃案，比較適合使用在下列三種狀況：

第一：廣告公司為爭取年度大型廣告客戶，所提出的完整比稿案或企劃案。

第二：公司計畫新上市某項重要年度產品，所提出的年度行銷企劃案。

第三：公司轉向新行業或新市場經營，正計畫全面推展。

本文所介紹的行銷企劃案，可算是奠基在行銷（Marketing）領域上一個重要的根本企劃案。其他較為個別性的企劃案，則是從本案中，再抽出獨立撰寫。

就企業實務來看，「行銷企劃」只是一個統稱，其職掌分工或企劃案分類，可以再細分為：(1) 產品企劃案；(2) 通路企劃案；(3) 促銷企劃案；(4) 定價企劃案；(5) 公關企劃案；(6) 服務企劃案；(7) 廣告企劃案；(8) 媒體企劃案；(9) 公益企劃案；(10) 營業企劃案；(11) 現場店面環境企劃案；(12) 作業流程企劃案；(13) 市場調查企劃案；(14) 品牌企劃案；(15) 行銷研究企劃案；(16) 新事業拓展企劃案；(17) 營業組織改革；(18) 年度行銷績效檢討企劃案，及 (19) 自有品牌企劃案等，數十種之多企劃案撰寫。

二、行銷企劃案撰寫完整架構

下面將以簡潔有力的圖示法，顯示一份完整涵蓋的行銷企劃案，從頭到尾應該包括哪些項目內容。

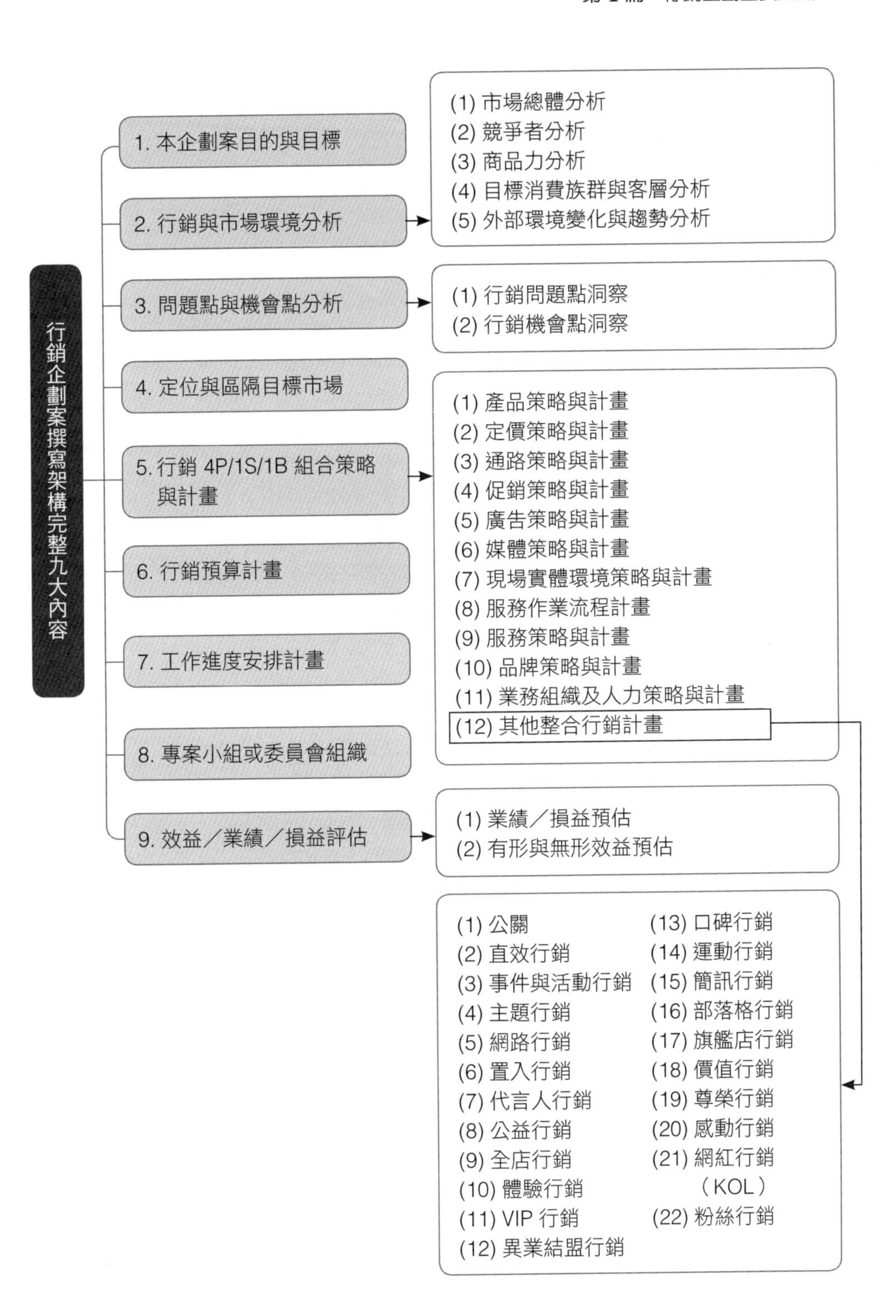
行銷企劃案撰寫架構完整九大內容
1. 本企劃案目的與目標
2. 行銷與市場環境分析
(1) 市場總體分析
(2) 競爭者分析
(3) 商品力分析
(4) 目標消費族群與客層分析
(5) 外部環境變化與趨勢分析
3. 問題點與機會點分析
(1) 行銷問題點洞察
(2) 行銷機會點洞察
4. 定位與區隔目標市場
5. 行銷 4P/1S/1B 組合策略與計畫
(1) 產品策略與計畫
(2) 定價策略與計畫
(3) 通路策略與計畫
(4) 促銷策略與計畫
(5) 廣告策略與計畫
(6) 媒體策略與計畫
(7) 現場實體環境策略與計畫
(8) 服務作業流程計畫
(9) 服務策略與計畫
(10) 品牌策略與計畫
(11) 業務組織及人力策略與計畫
(12) 其他整合行銷計畫
6. 行銷預算計畫
7. 工作進度安排計畫
8. 專案小組或委員會組織
9. 效益／業績／損益評估
(1) 業績／損益預估
(2) 有形與無形效益預估
(1) 公關
(2) 直效行銷
(3) 事件與活動行銷
(4) 主題行銷
(5) 網路行銷
(6) 置入行銷
(7) 代言人行銷
(8) 公益行銷
(9) 全店行銷
(10) 體驗行銷
(11) VIP 行銷
(12) 異業結盟行銷
(13) 口碑行銷
(14) 運動行銷
(15) 簡訊行銷
(16) 部落格行銷
(17) 旗艦店行銷
(18) 價值行銷
(19) 尊榮行銷
(20) 感動行銷
(21) 網紅行銷（KOL）
(22) 粉絲行銷

接下來，分項說明如下：

(一) 企劃的目標與目的

包括下列十四大目標的達成：

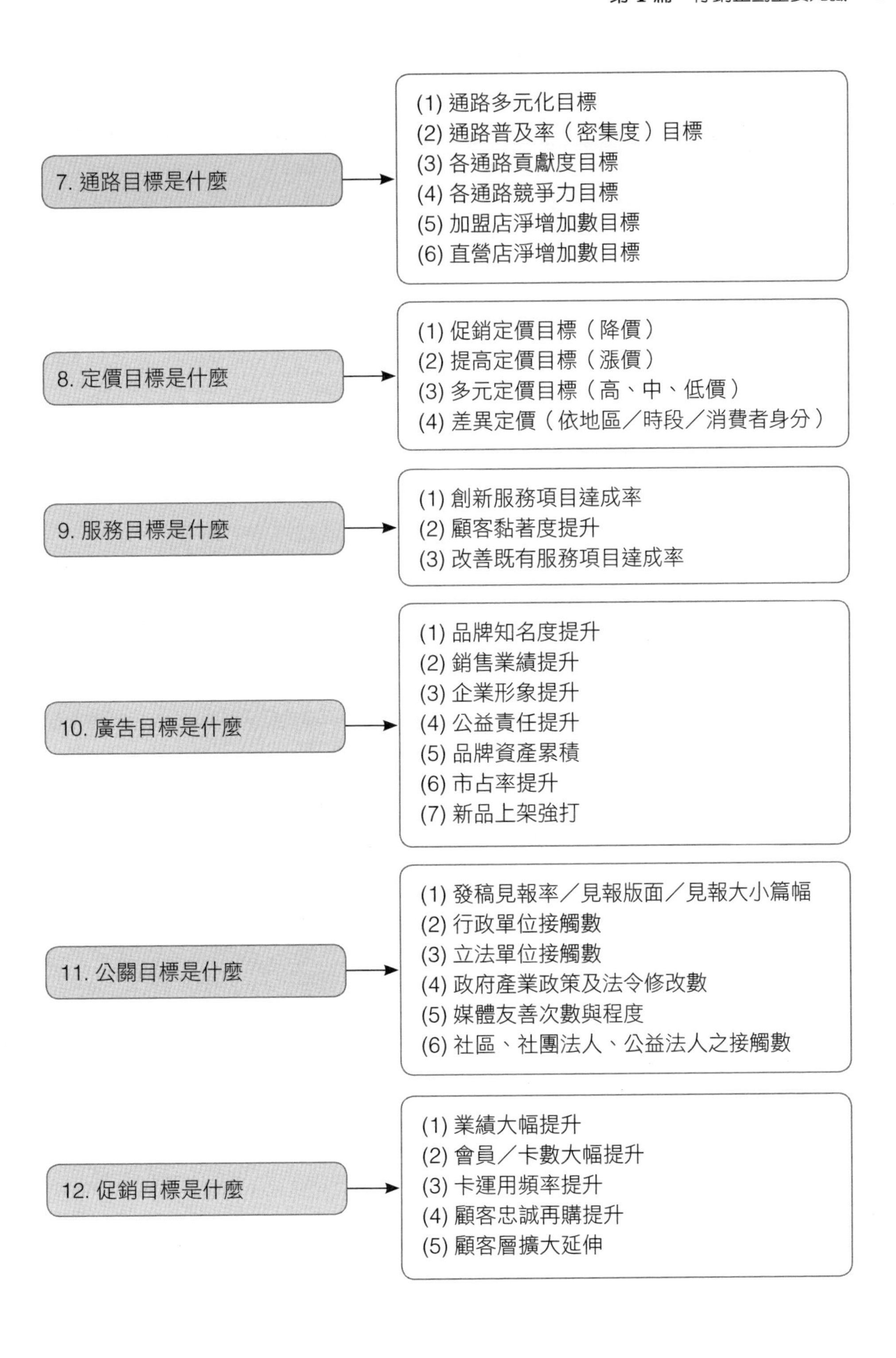
7. 通路目標是什麼
(1) 通路多元化目標
(2) 通路普及率（密集度）目標
(3) 各通路貢獻度目標
(4) 各通路競爭力目標
(5) 加盟店淨增加數目標
(6) 直營店淨增加數目標
8. 定價目標是什麼
(1) 促銷定價目標（降價）
(2) 提高定價目標（漲價）
(3) 多元定價目標（高、中、低價）
(4) 差異定價（依地區／時段／消費者身分）
9. 服務目標是什麼
(1) 創新服務項目達成率
(2) 顧客黏著度提升
(3) 改善既有服務項目達成率
10. 廣告目標是什麼
(1) 品牌知名度提升
(2) 銷售業績提升
(3) 企業形象提升
(4) 公益責任提升
(5) 品牌資產累積
(6) 市占率提升
(7) 新品上架強打
11. 公關目標是什麼
(1) 發稿見報率／見報版面／見報大小篇幅
(2) 行政單位接觸數
(3) 立法單位接觸數
(4) 政府產業政策及法令修改數
(5) 媒體友善次數與程度
(6) 社區、社團法人、公益法人之接觸數
12. 促銷目標是什麼
(1) 業績大幅提升
(2) 會員／卡數大幅提升
(3) 卡運用頻率提升
(4) 顧客忠誠再購提升
(5) 顧客層擴大延伸

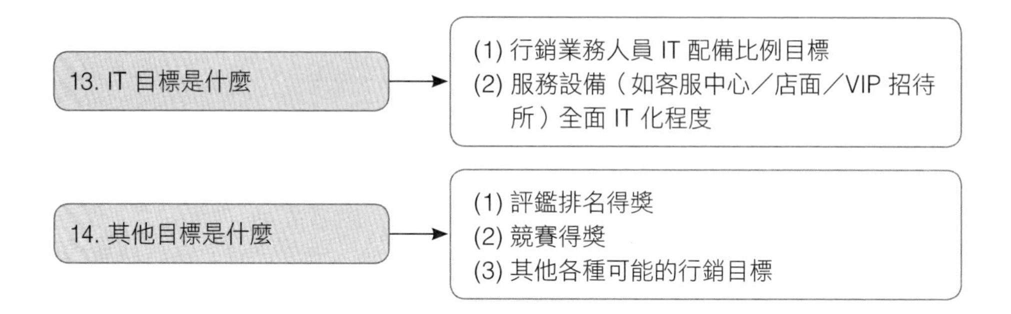

行銷目標一定要提出具體的數據，作為考核與評估的依據。下圖是在進行行銷目標數據研討或分析時，應注意的幾項目標。

(二) 行銷與市場環境分析

包括五大面向的深度分析，如下：

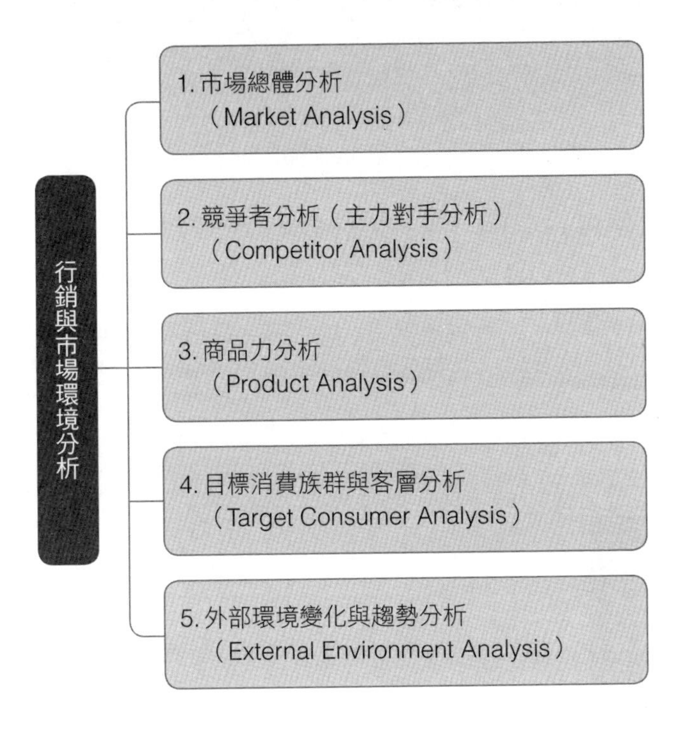

1. 市場總體分析

市場總體分析

- (1) 市場規模分析（Market Scale Volume、Market Size）（過去及現在數據分析）
- (2) 市場未來成長潛力分析（Growth Potential）
- (3) 市場／商品生命週期分析（Product Life Cycle）（Market Life Cycle）
- (4) 主要競爭品牌（公司）及市占率分析（Market Share）
- (5) 目標市場（客層／消費群）區隔市場（Segmentation & Targeting）
- (6) 行銷組合 4P 現況分析
- (7) 市場進入障礙因素分析（Entry Barrier）
- (8) 利基空間（商機）分析（Market Opportunity）（Niche Market）
- (9) 問題與威脅分析（Problem & Threat）
- (10) 市場勝出「關鍵成功因素」（KSF）與條件分析（Key Success Factors）
- (11) 贏的競爭策略分析（Competitive Strategy）
- (12) 產業／市場上、中、下游價值鏈分析（Industry Value Chain of Winning）
- (13) 商圈分析（Location Trend）

2. 競爭者分析

競爭者分析

- (1) 品牌「市占率」及「市場領導地位」現況分析
- (2) 競爭公司基本概況分析（營業額、資本額、成立時間、員工人數、歷年損益、股東背景、產銷狀況等）
- (3) 競爭公司或競爭品牌「目標市楊」區隔分析
- (4) 競爭公司或競爭「品牌定位」分析
- (5) 競爭公司／品牌「4P 行銷組合」分析
- (6) 競爭公司／品牌「經營模式與行銷策略」分析
- (7) 競爭公司／品牌「競爭優勢與劣勢」分析與「贏的行銷策略」分析
- (8) 競爭公司／品牌「生產或進口來源與成本」分析
- (9) 競爭公司／品牌「技術研發能力」分析
- (10) 競爭公司／品牌「生產規模」分析

3. 商品力分析

商品力分析

- (1) 方式、包裝材質、外觀設計型態、規格大小、各包裝的售價、各種包裝的銷售比例及銷售量分析
- (2) 商品的「特色」與「獨特銷售賣點」分析（U.S.P.）（Unique Selling Proposition，或 Unique Sales Point）
- (3) 各商品的行銷地理區域及上市時期分析
- (4) 各商品的「季節性」銷售狀況分析
- (5) 各商品在「不同通路」的銷售比例分析
- (6) 各商品設計、功能、品質等之未來變化趨勢及走向分析
- (7) 商品「科技條件」變化分析
- (8) 「全國性品牌」、「自有品牌」發展與競爭現況分析（NB VS. PB）
- (9) 商品「價格趨勢化」分析（上升或下滑）
- (10) 商品「競爭力」重點方向的變化分析

4. 目標消費族群與客層分析

目標消費族群與客層分析

- (1) 重要的「使用者」與「購買者」是誰？是否為同一人？購買總數量？（User & Purchaser）
- (2) 消費者在購買時，會受到哪些因素影響？購買重要「動機」為何？（Motivation and Why）
- (3) 消費者在什麼時候買？經常在哪些地點買？或時間、地點均不定？（When、Where）
- (4) 消費者對商品的「要求條件」重要有哪些？（Why）
- (5) 消費者每天、每週、每月或每年的使用次數？使用量？（Usage）
- (6) 消費者大多經由哪些管道得知商品訊息？（Communication）
- (7) 消費者對此類商品的品牌忠誠度、程度如何？很高或很低？
- (8) 消費者對此類商品的價格敏感度高低如何？對品牌敏感度高低如何？對販促敏感度高低如何？對廣告吸引力敏感度高低如何？
- (9) 不同的消費者是否有不同包裝的需求？
- (10) 理性購買、情感性購買或直觀性購買？
- (11) 消費客層的購買力如何？所得力如何？
- (12) 消費客層還有什麼未被滿足的潛在需求或欲望？

〈P & G 公司對消費者洞察的七項做法〉

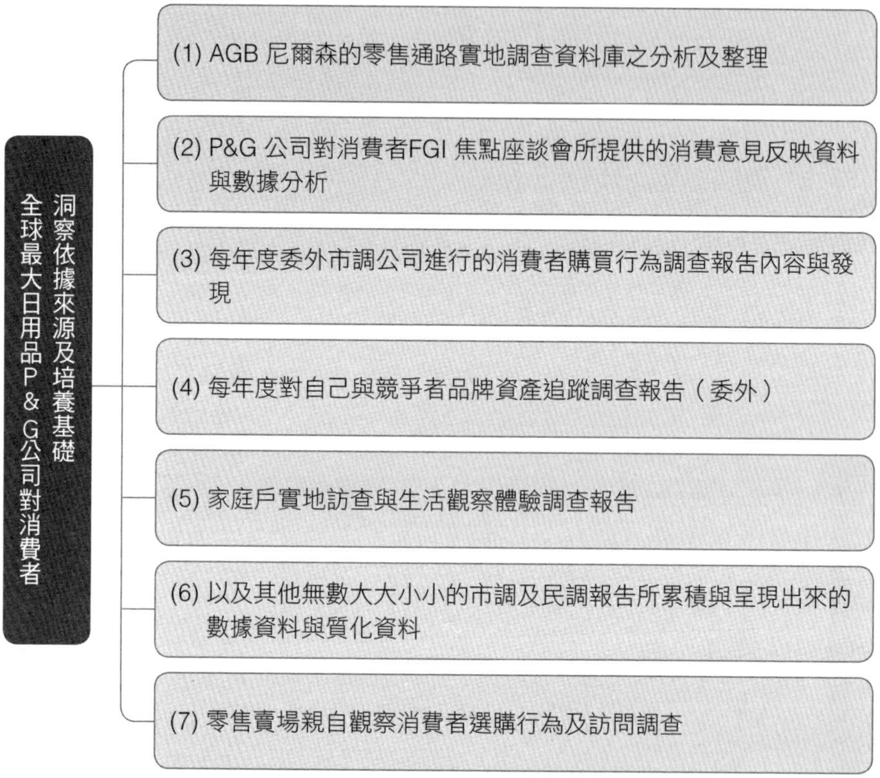

全球最大日用品P & G公司對消費者洞察依據來源及培養基礎

- (1) AGB 尼爾森的零售通路實地調查資料庫之分析及整理
- (2) P&G 公司對消費者FGI 焦點座談會所提供的消費意見反映資料與數據分析
- (3) 每年度委外市調公司進行的消費者購買行為調查報告內容與發現
- (4) 每年度對自己與競爭者品牌資產追蹤調查報告（委外）
- (5) 家庭戶實地訪查與生活觀察體驗調查報告
- (6) 以及其他無數大大小小的市調及民調報告所累積與呈現出來的數據資料與質化資料
- (7) 零售賣場親自觀察消費者選購行為及訪問調查

5. 外部環境變化與趨勢分析

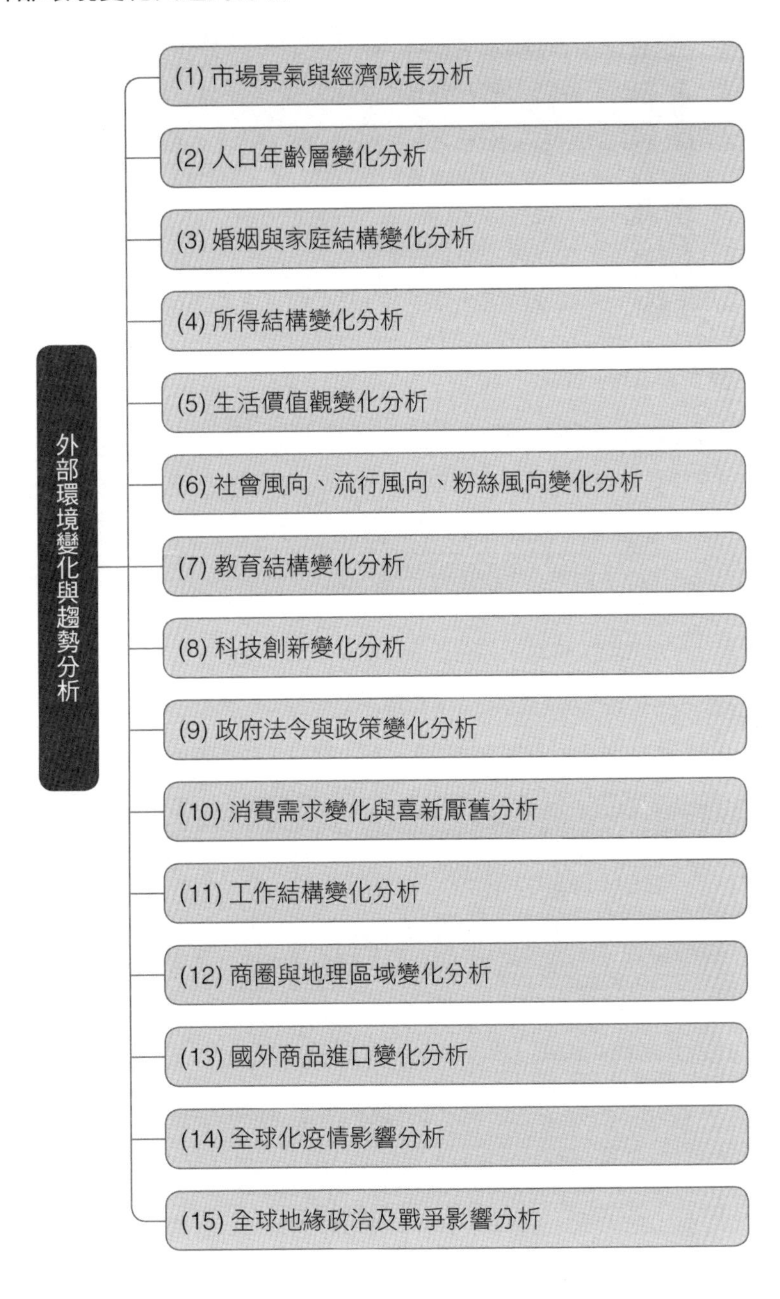

(三) 問題點與機會點分析

市場問題點與機會點分析

1. 市場不利問題點：
分析、研擬對策及解決問題

2. 市場有利機會點：
分析、評估、提出規劃案及掌握商機

1. 市場機會點如何洞察

市場機會點如何洞察

(1) 赴國外先進國家、消費市場、標竿廠商等之參訪學習（包括現場的錄影、拍照、座談、蒐集 DM、資料、購買樣品等），成功案例可移植臺灣

(2) 上網查詢國外先進國家及廠商的具體做法，並思考是否可移植國內

(3) 購買國外先進國家各種專業產業市場的深度研究報告、調查報告，或專業雜誌，從中發現商機趨勢

(4) 在國內委託專案市調公司、研究公司、學術單位，針對可能的潛在商機，做完整的市調報告及消費者需求報告

(5) 高階經營者或公司內部商品部門、企劃部門、業務部門等長期以來的分析、研究及評估

(6) 長期且廣泛地蒐集來自各種管道消費者的意見表達及需求，深入評估分析及確定

(7) 定期閱讀國內外財經、商業、企管之專業報紙，了解世界大事及企業大事

(8) POS 銷售數據資料的長期追蹤及分析、觀察

(9) 人口環境、少子化、老年化趨勢的觀察及分析商機

(10) 外食化、外帶化的趨勢商機分析

2. 市場商機型態來源

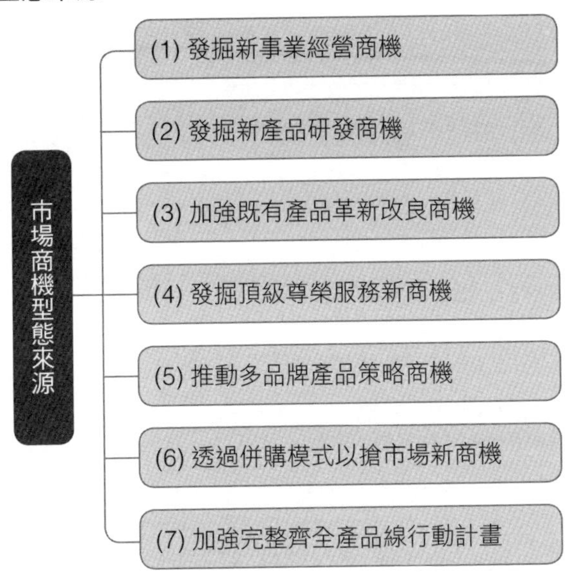

3. 市場問題點（危機點）洞察來源

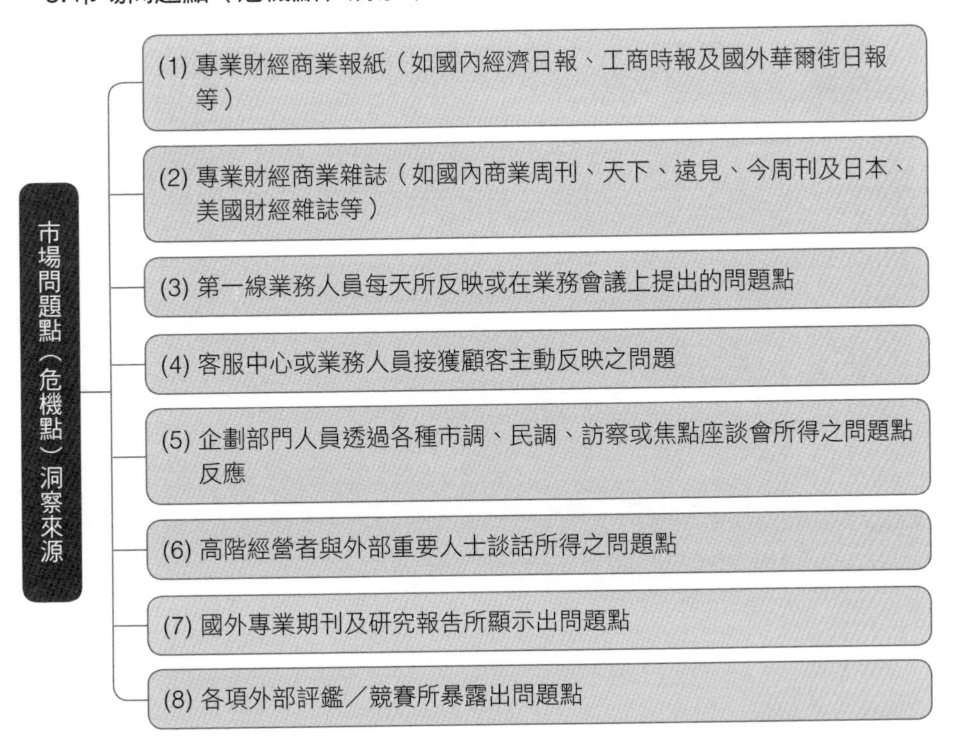

4. 企業面對各種威脅與危機來源

企業面對各種威脅與危機的來源

- (1) 來自主要競爭者以低價、促銷及大量廣告爭戰市場
- (2) 來自對手技術的重大突破及大躍進
- (3) 產品生命週期已進入衰退期
- (4) 經濟成長率低，市場買氣低迷，消費力弱
- (5) 利率升高的不利
- (6) 政府產業政策及法令不利改變
- (7) 全球化與自由化的威脅
- (8) 規模大型化威脅
- (9) 經營成本偏高的不利
- (10) 新競爭對手的紛紛加入
- (11) 引進國際大公司的資源爭戰
- (12) 資金力強大威脅
- (13) 研發出創新獨特新產品威脅
- (14) 國外高關税威脅
- (15) 集團資源綜效的對抗
- (16) 企業自身資源條件逐步弱化
- (17) 自身新產品推出速度太慢或缺乏主力產品
- (18) 行銷戰略的嚴重失誤

(四) 產品及市場定位與區隔目標市場

定位與區隔目標市場

1. 目標市場對象：什麼人買？什麼人用？
2. 廣告訴求對象：賣給什麼人？向誰溝通？
3. 產品或品牌的一致性印象及所要塑造的個性是什麼？讓人印象深刻
4. 定位就是您的產品位置究竟在哪裡？您要選好、站好、永遠站穩，讓人家很清楚，而且要跟對手有所區別及差異化
5. 產品的特色、獨特賣點、特質及利益所在（U.S.P.; Benefit; Special Characteristic）
6. 經營模式創新點所在（Business Model）
7. 行銷策略主力方向確定

(五)「行銷組合」(Marketing Mix)策略與計畫

1.「產品」策略與計畫(Product Strategy)

產品策略與計畫

- (1) 產品組合策略與計畫(寬度、長度與深度之組合)
- (2) 產品寬度線策略與計畫(Product Line)
- (3) 產品線延伸、刪減策略與計畫(Extend or Reduce)
- (4) 副品牌策略與計畫(Vice Brand)
- (5) 雙品牌/多品牌策略與計畫(Multi Brand)
- (6) 品牌打造工程策略與計畫(Branding Plan)
- (7) 自有品牌策略與計畫(Private Brand)
- (8) 製販同盟策略與計畫(Production & Sales Alliance)
- (9) 包裝革新策略與計畫(Package Innovation)
- (10) 外觀設計策略與計畫(Design)
- (11) 品質、功能、口味、規格、容量策略與計畫
- (12) 新產品上市策略與計畫(New Product Launch)
- (13) 既有產品改善革新策略與計畫(Product Improvement)
- (14) 異業結盟產品加值策略與計畫(Alliance)
- (15) 主題行銷產品策略與計畫(Topic Marketing)
- (16) 在地/本土行銷產品策略與計畫(Local Marketing)

2.「定價」策略與計畫（Pricing Strategy）

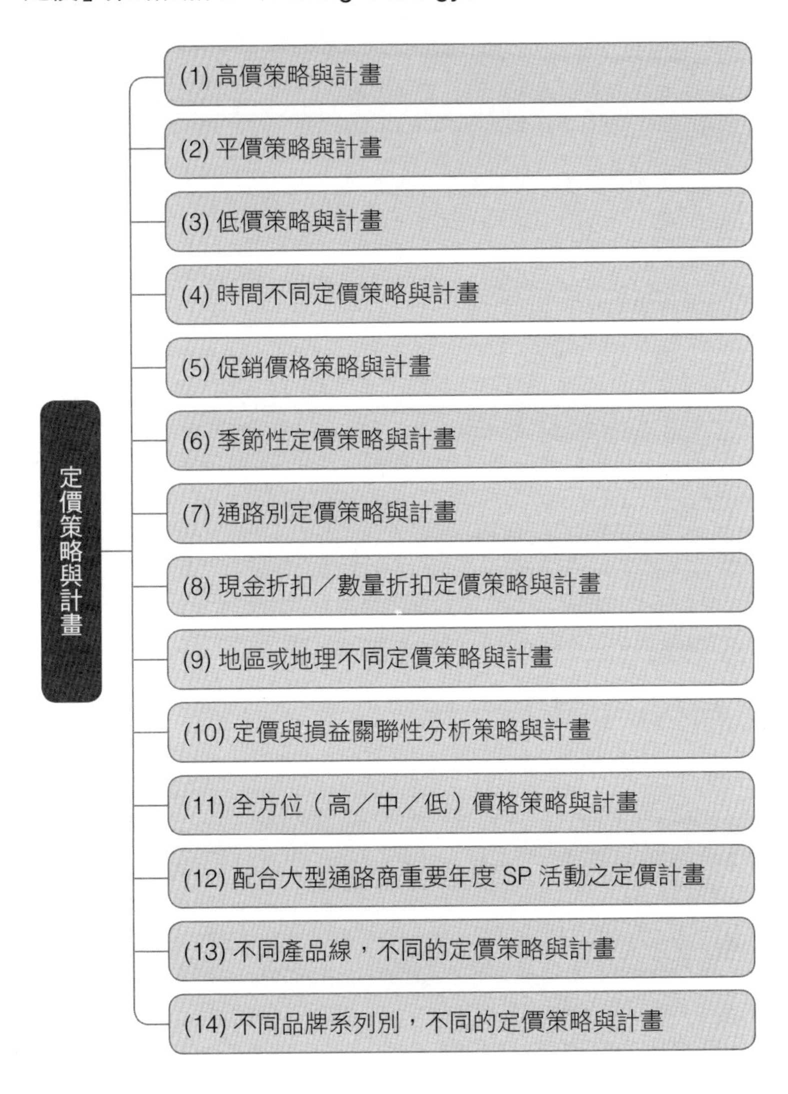

3.「通路」策略與計畫（Place Strategy; Channel Strategy）

通路策略與計畫

- (1) 通路階層結構策略與計畫（零階、一階、二階、三階）
- (2) 多元化通路／全方位通路策略與計畫／OMO 線上與線下融合策略計畫
- (3) 直營通路策略與計畫
- (4) 加盟通路策略與計畫
- (5) 通路據點密集策略與計畫
- (6) 經銷商／代理商／批發商／進口商通路策略與計畫
- (7) 無店鋪通路（電視購物／型錄購物／網路購物／預購）策略與計畫
- (8) 通路成員選擇、招募、激勵、調整、訓練、改善刪除之策略與計畫
- (9) 通路別成本與效益分析（Cost and Effectiveness Analysis）
- (10) 通路別貢獻度分析

4.「促銷」策略與計畫（Promotion Strategy）

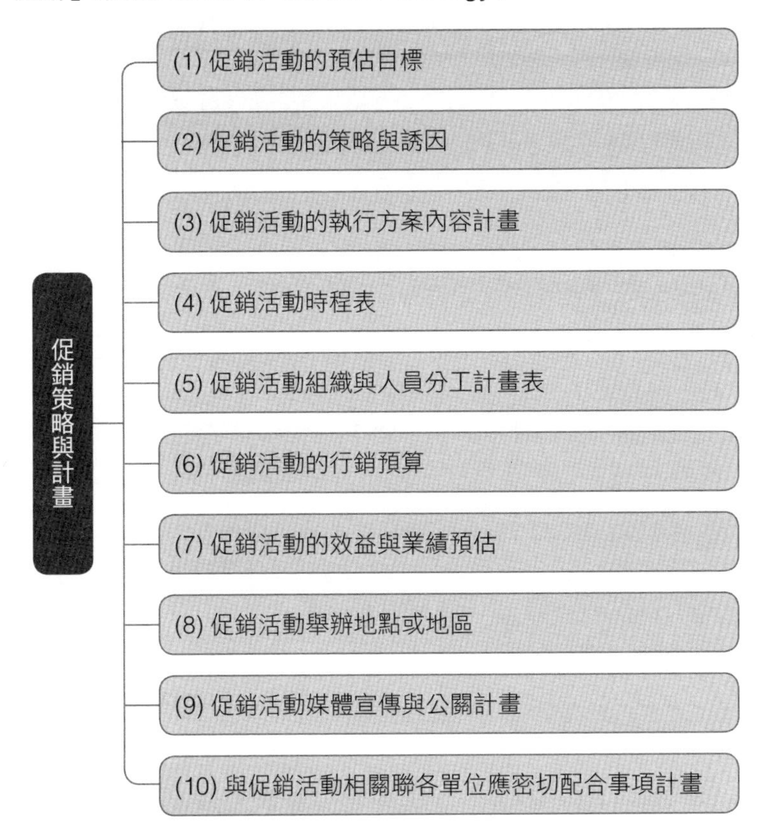

5. 對「消費者促銷」活動的二十三種方式

6. 各種 SP 促銷活動節慶的時機

7. 「廣告」策略與計畫（Advertising Strategy）

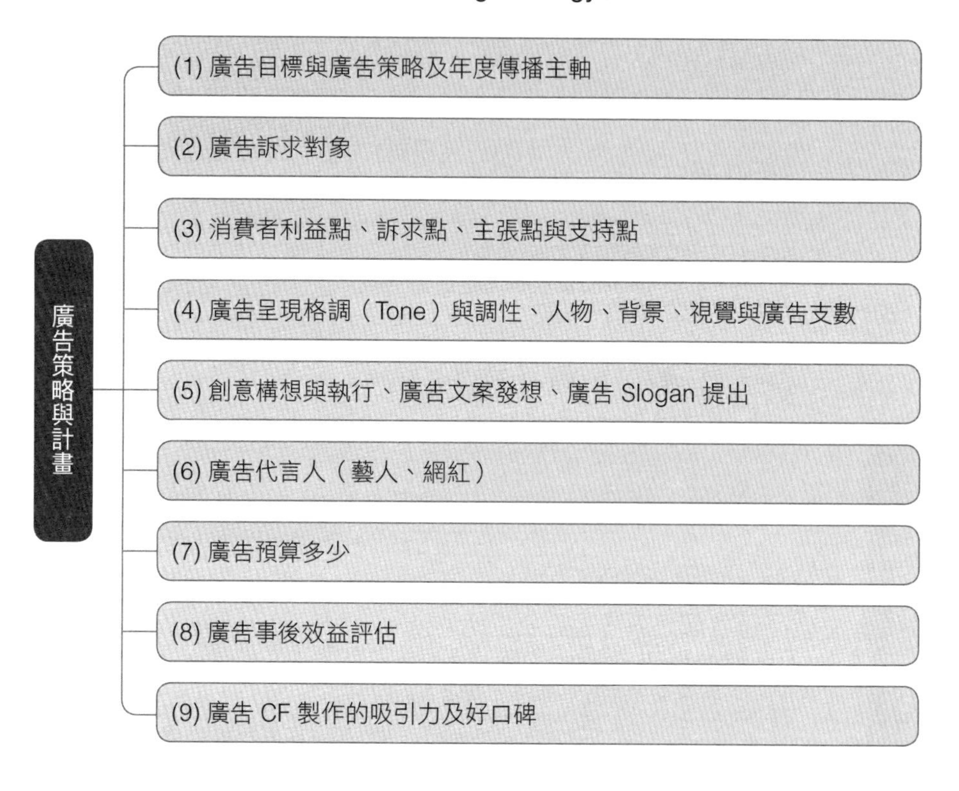

8. 「媒體傳播」策略與計畫（Media Strategy）

9.「現場實體環境設計」策略與計畫（Physical Strategy）

現場實體環境設計策略與計畫

- (1) 整體店面 CIS 識別設計與視覺（VI）設計策略及計畫（Corporate Identity System）
- (2) 店面定期革新換裝策略與計畫
- (3) 現場行走路徑、櫃位安排、裝潢設計、色系、音樂、氣氛、調性、燈光、地板、冷暖氣空調、結帳櫃檯、環境清潔、保全、現場人員諮詢服務、退／換貨服務、抽贈獎品服務、現場及時補貨、上網、書報、雜誌提供等相關計畫安排

10.「服務作業流程」策略與計畫（Operation Process Strategy）

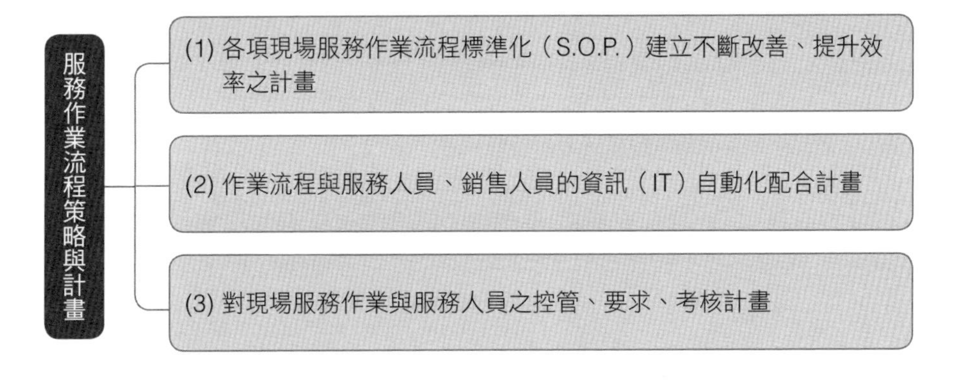

11. 「服務」策略與計畫（Service Strategy）

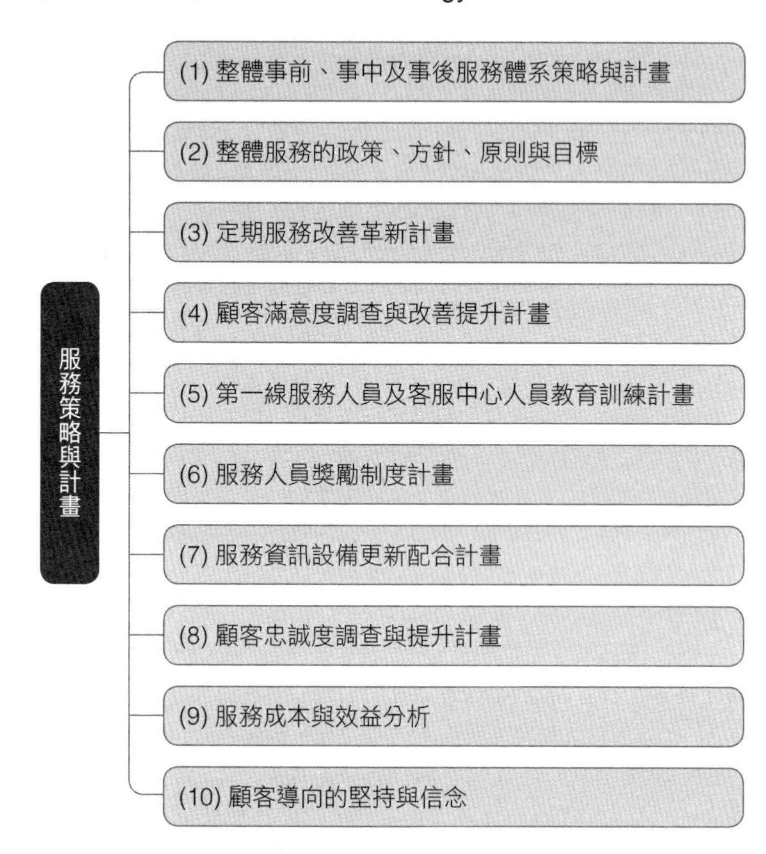

12.「業務組織及人力」策略與計畫（Sales Force Strategy）

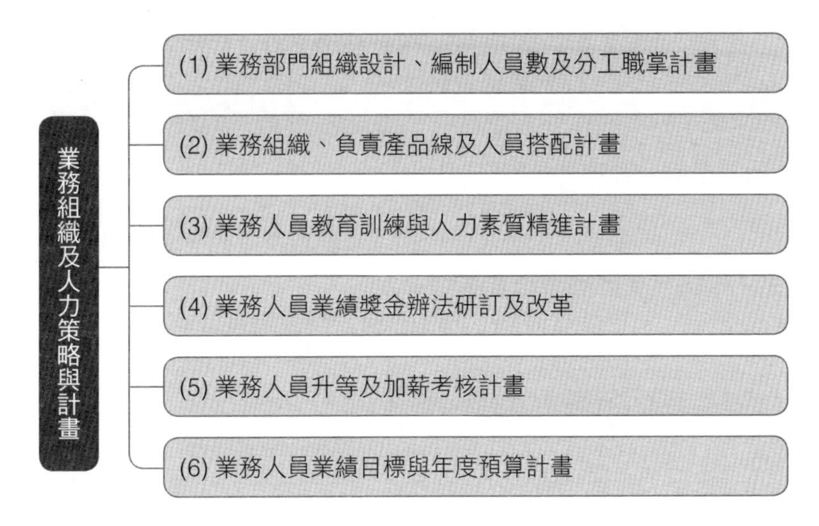

13.「整合行銷傳播」（IMC）的二十二種方式

(六) 行銷費用預算計畫（Marketing Budget Plan）

包括下列 15 個細項的行銷費用預算：

(七) 工作進度、規劃（Schedule Plan）

工作進度總表 — 各項重要工作安排起訖時間與負責單位列出進度表

(八) 專案小組組織（Task Force / Project Team）

專案小組或委員會組織表 — 區分各工作小組，包括：業務組、行銷企劃組、採購組、商品開發組、財會組、管理組、生產組、資訊組、物流組、客服中心組、門市組、法務組（智慧財產權）、品管組等常見的行銷專案小組工作名稱，至少有下列 31 種之多。

常見的各種行銷專案小組

1. 週年慶促銷小組
2. 年中慶促銷小組
3. 通路改革小組
4. 新產品開發推動委員會
5. 新商品上市推動小組
6. 服務全面提升推動委員會
7. 品牌全球化推動委員會
8. 業務組織變革小組
9. 營業成本降低 10% 推動小組
10. 作業流程提升小組
11. 全店行銷推進委員會
12. 廣告宣傳效益提升小組
13. 公益行銷活動小組
14. CIS 企業識別體系革新小組
15. 顧客滿意經營推進委員會
16. 行銷研究與消費者洞察小組
17. VIP 會員經營特別小組
18. 感動行銷小組
19. 顧客心聲委員會
20. 營業人 IT 配備革新小組
21. 第二代店面 POS 革新推動委員會
22. 百貨公司店面改裝推動小組
23. 營業創新提案委員會
24. 獲利提升推動委員會
25. 業務人力素質提升小組
26. 加盟店計畫推動小組
27. 新年度營運計畫訂定小組
28. 異業行銷結盟合作推動小組
29. 產品改善小組
30. 全球業務布局計畫
31. 自有品牌開發計畫小組

(九) 效益分析／損益預估／業績預估

效益、損益或業績預估

1. 業績／損益預估：
   (1) 依：①各產品別、②各品牌別、③各事業部別、④各分公司別、⑤各通路別、⑥各地區別、⑦全公司別、⑧各館別等，預估其業績及損益
   (2) 依各週別、各月別、各季別、各年別預估其業績及損益

2. 效益評估（有形與無形）：
   (1) 市占率提升
   (2) 品牌知名度提升
   (3) 品牌喜愛度提升
   (4) 企業形象提升
   (5) 會員數增加
   (6) 業績增加
   (7) 獲利增加
   (8) 營業成本增加
   (9) 客層擴大延伸
   (10) 顧客滿意度提升
   (11) 顧客忠誠再購率提升
   (12) 客單價提升
   (13) 點閱率提升
   (14) 卡友數增加
   (15) 集客力提升
   (16) 回應率提升
   (17) 來客數提升
   (18) 其他

(十)「大企業」在行銷企劃上的「相對優勢」分析

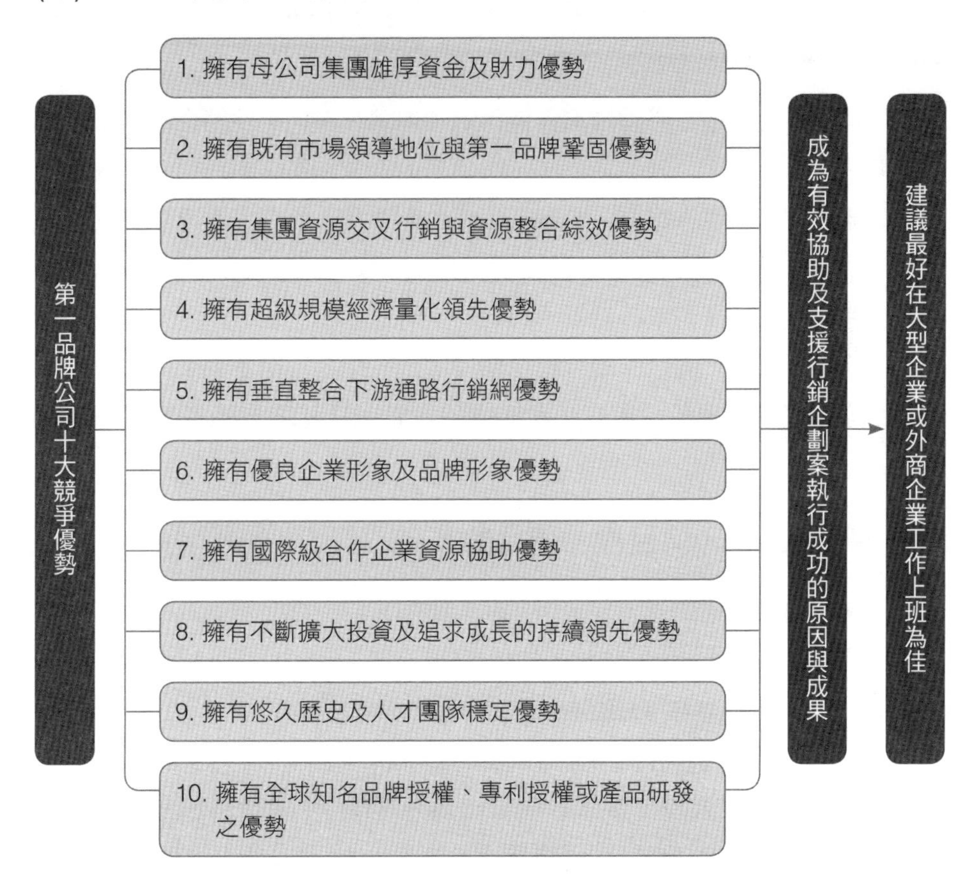

結語：掌握「完整架構」的全方位整合行銷能力

以上所述，是一個頗為完整、周全、豐富但也複雜的行銷企劃部門應負責的工作事項，也可以視為一份行銷企劃案的資料單元所共同累積而形成。

本架構內涵提出的主要目的，是希望行銷企劃人員在撰寫各種企劃案，或是行銷主管在督導指示部屬撰寫企劃案時，應具備一個「完整架構」能力的理論思路與實務技能。能夠隨時參考此架構及內涵，應該可以有效的做好行銷業務或行銷企劃的工作任務，朝向一個行銷企劃高手的目標前進。

拾伍、行銷企劃高手重要的九項完整性思考力：6W/2H/1E

行銷企劃人員經常必須撰寫各種行銷企劃案，包括：促銷企劃案、通路企劃案、活動企劃案、公關企劃案、新商品上市企劃案、業務拓展企劃案、策略聯盟企劃案、廣告宣傳企劃案及品牌企劃案等。所謂「運籌帷幄之中，決勝千里之外」，意謂著任何行銷活動在事前做好正確、良好及完整的規劃後，才會產生正面與有效的結果。

因此，要成為一個優秀的行銷企劃高手，在撰寫行銷企劃案過程中，經筆者長期個案研究顯示，應該注意掌握好 6W、2H、1E 的九項完整性必備思考與原則。

一、What Goal（何目標、何目的）

行銷企劃案首先要思考此案所預期或應達成的目標及目的為何。確立了目標與目的之後，才能知道如何有效的提出方案。有了目標及目的之後，也才有努力奮鬥的組織動力與動機。另外，目標與目的是否達成，也是檢驗行銷企劃案的一種考核、評價與檢討改進的管理精進過程。

以販促企劃案來說，希望此案推出後能達成：(1) 新增加多少來店人數？(2) 提升多少客單價？(3) 提高多少銷售量？(4) 達成多少營收額？(5) 創造多少獲利額？(6) 增加多少會員人數？(7) 提升多少品牌知名度？以及 (8) 增加多少忠誠再購率？等之數據目標及目的。

當然，訂定目標與目的，必須合理、可行、務實及具挑戰性，但又不浮誇且不保守。

二、How to do / How to reach（如何做，才能達成）

在考慮一項週年慶促銷企劃案的具體做法之前，應再進一步審視及思考下列四項狀況：

1. 應該把前一年或前二年所辦過的同樣企劃案再拿出來檢討及分析一遍，

以吸收過去成功的經驗及避免失敗的經驗。

2. 應該蒐集主力競爭對手今年的促銷方案、大概內容及做法，以做好競爭者分析工作，才能知己知彼，百戰不殆。最好還要超越競爭對手的企劃內容。

3. 應該仔細觀察及分析今年度各行各業在促銷活動案內容的最新趨勢，以及消費者喜愛內容的最新變化。企劃案必須掌握或領先這種變化及趨勢。

4. 應該詢問及掌握公司上級決策主管對此重大販促案的政策方針指示及行銷策略想法，因為上級決策主管也許會有不同的戰略考量。研究如何做一個販促案的細節規劃時，應該考量：

第一：優惠活動內容設計。

一個大型週年慶或年中慶活動，可以包括有六重優惠設計：如 (1) 刷卡禮；(2) 全館八折起；(3) 購物滿 2,000 送 200，依此類推；(4) 購物滿多少元起，即現場送贈品；(5) 購物滿多少元起，即享 6 期或 12 期免息分期付款；(6) 最後的大抽獎活動，首獎得百萬名車等。

第二：製作週年慶特刊或 DM，郵寄給資料庫中的有效會員，此為直效行銷的動作。

第三：電視、報紙、雜誌、廣播及網路廣告宣傳計畫的研訂。此部分應配合廣告代理商創意構想及廣告發稿公司的媒體規劃而進行。

第四：新聞稿及置入新聞報導計畫的研訂。

第五：如果是百貨公司、量販店、超市或便利商店零售業，其販促案還必須要求專櫃廠商及供應廠商折扣數降價配合。這部分也要與廠商積極進行協商。

第六：刷卡禮的贈品及免息分期付款的執行，也需要各銀行信用卡中心的配合措施。尤其，在免息分期付款的期數及利率成本免擔比例談判等，也必須趕快進行。

第七：賣場及周邊環境配合計畫研訂，包括停車服務、保全服務、廣播服務、幼兒服務、電梯服務、結帳櫃檯服務、交通指揮服務、洗手間清潔服務等均須顧及。

第八：在公司官方網站訊息專題配合方面，亦應寫入計畫內。

第九：其他各相關幕僚部門的配合計畫，包括 IT 部門、管理部門、財會部門、客服部門、會員經營部門及現場人員督導部門等，均有其應該分工的事情要做。

三、When（何時間、何時應完成）

週年慶販促案應明確列示此案進行期間，及在這之前各部門應完成的重要工作事項時間點，作為追考的依據，也是貫徹執行力的所在。此外，在販促案的推出時間點上，亦必須注意應搶先登場，以掌握先機使客戶消費。切忌淪為週年慶最後登場的一家，因為屆時消費者可能已經採購完成或預算減少。因此，應有提早「搶錢」的思考。

四、Who（誰負責執行）

通常重要的販促案，會組成一個跨部門的專案小組，由總經理或部門副總經理負責督導進行。因為是大案子，因此，必須由有實權的高級主管出面領軍，才能收統一協調與指揮作戰的權責一致性。這個專案組織底下有各個分工小組，分頭進行其事務，包括：商品組、企劃組、廣宣組、管理組、財會組、資訊組及業務組等分工單位。

五、Where（在哪裡進行）

此年度販促案，是全臺各店同步展開或分開分別進行。對大型百貨公司而言，可由各分館獨立規劃進行，各自負責成果。對便利商店業而言，則經常是全臺幾千家加盟店一起起跑，同時展開「全店行銷」，以收震撼之效。

六、Whom（目標客戶何在）

販促案大部分是針對有往來的會員卡或聯名卡友為主，若能拓展潛在客層或目標消費群，則算是錦上添花了。經營事業要聚焦，有效的販促案，當然也要以聚焦為主要考量。唯有聚焦，才會比較準確地達成行銷預期的目標成果。在這方面，直效行銷手法與顧客資料庫系統就可以派上用場，發揮事前有效的告知與廣宣效果。

七、How much（行銷預算編列）

販促案自然會有行銷費用支出，因此，必須要編列行銷預算，以了解支出多少的數字概念。這些支出通常包括廣告、媒體公關、贈品、抽獎品、宣傳品、郵寄品、現場布置、記者會、時尚派對晚會等各種必要支出預算。行銷預算編列要注意到它的合理性、必要性及效益性，以及它必須與業績收入預估做分析比較，以了解最終的成本效益目標是否划算。有時候行銷費用預算超過了最後的業績收入及毛利收入，最終結算檢討下來還產生虧損。這就顯示了此次販促活動的失敗，也是事後必須檢討原因何在，作為下次改善依據參考。對部分大公司或大集團而言，因為它的資源比較多及名氣比較大，常可以透過商品交換、廣告交換或爭取部分贊助廠商，因此有些行銷費用可以達到節省要求，這是值得努力的方向。

八、Why（為何要這麼做）

行銷企劃案的內容設計規劃，應具有：(1) 可行性；(2) 務實性；(3) 創新性，以及 (4) 有效性等四種原則要求。但在這背後，亦應深入研討及辯論，在如何達成行銷企劃案目標與目的時，為何要有如此的設計方案及規劃做法？如此的做法是否真的可以超越競爭對手？是否真的是顧客所需要的？是否能達到顧客滿意的情境？這一連串的詢問，都在促使企劃案的設計內容，的確是最可行、最務實、最創新及最有效的目的。例如，贈品為何要用此商品？刷卡禮為何要限制最低消費額？免息分期付款期數為何要區分消費金額等級？廣告支出預算為何要花費如此多？為何不能全館八折起？為何公關發稿見報未排第一閱讀率報紙？以及此次促銷的誘因夠不夠大？等諸多問題，如能在事前規劃時納入思考及調整改變，則必會使販促企劃案的成果更加擴大。

九、Evaluation（有形與無形效益評估）

最後，販促企劃案的撰寫，還必須考慮到效益的預期評估。這包括有形數字的效益，以及無形的效益。

(一) 有形效益

包括此案將為本店、本館或本公司帶來哪些營收、獲利、會員數、來客數、銷售量、客單價等之提升與增加數據或比例。

(二) 無形效益

包括品牌知名度、企業形象、企業好感度、品牌資產累積、口碑效應、顧客再購率、客層擴大延伸等，各種可能存在的無形效益。

一個好的行銷企劃案，自然可以兼具有形與無形兩種效益目標達成。因此，更應謹慎規劃好任何一個行銷企劃案的活動。

企劃執行貫徹的四項原則

有好的行銷企劃案，並不保證此案一定可以精彩演出及完美達成原訂目標。因此，尚須仰賴強而有力的行銷組織「執行力」才可以。

行銷企劃案「執行力」貫徹的四個重要原則如下：

第一：落實賞罰分明與激勵辦法的推出。一般可以針對某項年度重大的行銷企劃案訂定獎勵辦法，也可以在年中及年終發放給各店別、各館別、各品牌別、各事業部別，或全公司別等各種利潤中心制度的獎金。

第二：在年度重大行銷企劃案推出時，公司全員應盡可能停止休假，全力及全時間投入執行期間內各項分工任務。

第三：公司高級主管應率先帶頭做，並且每天召開檢討會議，不斷了解各種工作推動及目標達成狀況。然後，針對缺失及時加以補強或改變策略及原計畫做法等。

第四：公司對行銷企劃案分工小組，務必要求拋棄本位主義，同心齊力、團結協力，必可形成一股強大的團隊執行力量，突破任何市場競爭的困境。

以上是對於推動行銷企劃案與貫徹執行力時，公司領導幹部必須注意及做到的四項基本原則堅持。

結語：全員具備「6W、2H、1E」，大幅提升行銷企劃力

「6W、2H、1E」行銷企劃案撰寫九項思考準則，是任何企業行銷活動上，全員必須具備的根本信念、思考準則及行事判斷依據。

全員能具備此項能力，公司的行銷企劃力將可獲得大幅提升，並且有效強化行銷業務攻擊戰力。

現今已進入知識競爭的時代，任何行銷活動，如果欠缺完整、周全、正確及創新的事前行銷規劃工作，便很難有最後領先及卓越的營收、獲利及市占率三種目標同時達成的局面。因此，公司全員應深深具備「6W、2H、1E」九項思考準則，如此必將有效大幅提升公司整合型行銷企劃戰力。

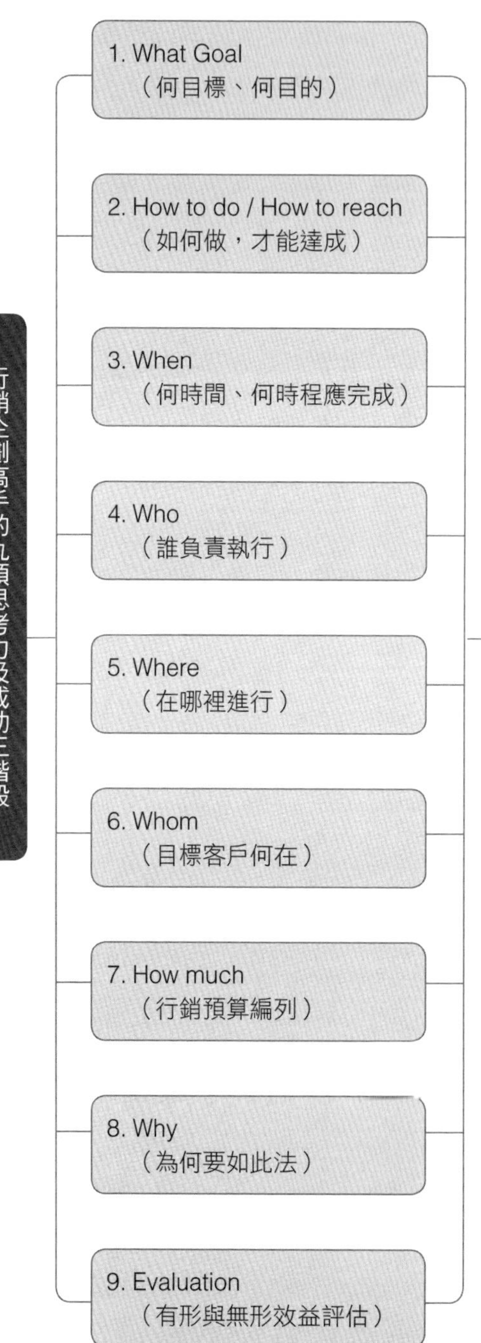

〈執行力的配套〉

1. 落實賞罰分明與賞罰激勵辦法推出
2. 全員盡可能停止休假全力全時間投入
3. 高級主管帶頭做，每天召開檢討會議，不斷改善及改變做法
4. 分工小組團結協力，放棄本位主義，同心齊力貫徹

〈結果〉

行銷活動成功，業績、獲利、品牌地位及市占率目標能達成

拾陸、最重要的 17 項行銷企劃成功黃金祕笈

〈祕笈 1〉以顧客為中心！

〈祕笈 2〉差異化策略！特色策略！

〈祕笈 3〉打造品牌信任度及忠誠度！

〈祕笈 4〉有效運用代言人策略！

〈祕笈 5〉熟客經營學，提升回購率！

〈祕笈 6〉多品牌策略！

〈祕笈 7〉強化體驗行銷活動！

〈祕笈 8〉打造高品質、高質感產品力！

〈祕笈 9〉定價要有高 CP 值感受！

〈祕笈 10〉品牌避免老化，要年輕化！

〈祕笈 11〉掌握市場趨勢變化，並快速有效因應！

〈祕笈 12〉鎖定分眾經營與專注經營！

〈祕笈 13〉建立與大型通路商良好關係！

〈祕笈 14〉適當行銷廣宣預算投入！

〈祕笈 15〉360 度全方位整合行銷傳播操作！

〈祕笈 16〉電視廣告創意，要叫好又叫座，才算成功！

〈祕笈 17〉同步、同時做好、做強行銷 4P/1S 組合策略！

〈祕笈 1〉以顧客為中心！

一、以顧客為中心的涵義

1. 站在顧客立場去思考！
2. 要融入顧客的情境！
3. 從顧客視點為出發！
4. 比顧客還要了解顧客！
5. 只要顧好顧客，業績就會好起來！
6. 要不斷挖掘並滿足顧客需求！

7. 要為顧客解決問題及痛點！
8. 要讓顧客生活更美好！
9. 貫徹顧客為導向的信念！
10. 要為顧客創造更多的附加價值！

二、成功案例

例如：Apple（蘋果）、花王、統一、桂格、三星、SONY、Panasonic、象印、TOYOTA、優衣庫、7-11、全家、全聯、家樂福、momo、SOGO、鼎泰豐、新光三越、日立、無印良品、P&G、中華電信……等。

三、如何做到、做好

1. 教育訓練

行銷部要為全體員工上一堂「行銷學」及「顧客學」，使其成為全企業的組織文化及員工思維。

2. 新產品開發做起

任何新產品的開發及改良，都要傾聽顧客的意見及建議，顧客就是最好的產品開發人員。

3. 制定行銷策略

任何行銷策略的決定或決策，要多從顧客觀點來思考，以及必要時多做市調及顧客焦點座談會。

4. 滿意度調查

企業應定期做好顧客滿意度調查，以了解顧客對我們品牌的滿意度如何，以及可以改善方向在哪裡。

5. 一定預算

每年應撥出一筆預算，作為以顧客為中心的必要支用。

6. 年度檢討

每年底應舉辦以顧客為中心的檢討會議，並策訂來年的計畫。

7. 把顧客放在首位思考

凡事要思考：要怎麼做顧客才會喜歡、才會需要、才會感動、才會驚喜、才會購買、才會解決他們的生活。

〈祕笈 2〉差異化策略！特色策略！

一、U.S.P. 的意涵

U.S.P. 就是 Unique Sale Point（獨特銷售賣點）或是 Unique Selling Proposition（獨特銷售的主張）。U.S.P. 在行銷上也等同於企業執行了差異化及特色化的策略。

二、沒有差異化、沒有特色的缺點

1. 必會陷入低價格競爭的不利點。
2. 不能吸引顧客去購買。
3. 銷售成績不理想，甚至會虧損。

三、有差異化的優點

1. 能夠訂定較好的價格。
2. 較能吸引顧客來購買。
3. 銷售成績較理想，會穩定獲利賺錢。

四、成功案例

例如：iPhone 手機、City Cafe、星巴克咖啡、無印良品、TVBS 新聞、迪士尼樂園、捷安特自行車、瓦城餐廳、SOGO 百貨日本展、小米周邊產品、dyson 吸塵器、涵碧樓飯店、三立／民視閩南語劇、象印電子鍋……等。

五、如何做到

品牌要做到差異化或特色化，可從以下 15 方面著手規劃執行：

1. 從原物料、零組件著手。
2. 從手工工藝製造著手。

3. 從獨家配方、成分著手。
4. 從設計著手。
5. 從包裝著手。
6. 從功能著手。
7. 從高品質著手。
8. 從客製化、頂級化、一對一服務著手。
9. 從獨特位置、位址著手。
10. 從國內外競賽得獎事蹟著手。
11. 從質感度著手。
12. 從美觀著手。
13. 從耐用度著手。
14. 從廣告創新著手。
15. 從免費維修、替換、品質保證著手。

〈祕笈 3〉打造品牌信任度及忠誠度！

一、品牌力的意涵

品牌力包含 7 個度，如下：

知名度→好感度→指名度→信任度→忠誠度→黏著度→情感度

二、品牌力的益處

有強勁品牌力，將會帶動業績力的成長，故品牌力很重要！

三、各行各業具較大品牌力的案例

1. 洗面乳：花王（Bioré）。
2. 電信：中華電信、台哥大、遠傳。
3. 筆記型電腦：ASUS、acer。
4. 冷氣：日立、大金。
5. 電子鍋：象印、Panasonic。
6. 電視機：SONY、禾聯。

7. 機車：光陽。
8. 電動機車：gogoro。
9. 鮮奶：瑞穗、林鳳營。
10. 服飾：優衣庫、NET。
11. 新聞：TVBS。
12. 財經雜誌：商業周刊、天下。
13. 咖啡館：星巴克、路易莎。
14. 美妝店：屈臣氏、寶雅、康是美。
15. 超市：全聯。
16. 量販店：COSTCO、家樂福。
17. 房仲業：信義、永慶。
18. 手機：iPhone、三星。
19. 銀行：國泰、富邦、中信、玉山、元大、兆豐。
20. 吸塵器：dyson。
21. 百貨公司：新光三越、遠東 SOGO。

四、如何做到

1. 先做好基本功，就是先把產品力做好、做強；沒有好的產品力，一切都是空談。
2. 每年固定投入定額的行銷廣宣預算，以電視廣告為主力宣傳；此對品牌力打造及提升，有直接快速的效果。
3. 多做些公益活動，塑造企業回饋社會的良好形象。
4. 要多利用打造社群媒體上有良好的正面評價，以做口碑宣傳。
5. 在定價策略上，要讓消費者有感、有物超所值感及高 CP 值感。
6. 要注意不可有負面新聞出現，否則會毀了企業與品牌形象，不再信任。
7. 最好要有一些國內外獲獎的事蹟證明，自然就會強化信任度。
8. 儘量接受財經媒體專訪，以加強曝光度。
9. 電視廣告製作創意有時也要有感動人心的呈現。

〈祕笈 4〉有效運用代言人策略！

一、代言人有些是有效的

目前被證實對品牌力提升及業績力提升的代言人，有如下一線藝人：金城武、張鈞甯、田馥甄、桂綸鎂、蔡依林、林心如、賈靜雯、林志玲、謝震武、隋棠、五月天阿信、陶晶瑩、趙又廷、吳念真、白冰冰、Selina、Ella、曾之喬、楊丞琳、林依晨、郭富城、徐若瑄、蕭敬騰、盧廣仲、陳美鳳、Janet、吳姍儒、瘦子……等。

二、代言人行銷的好處

1. 電視廣告會比較吸睛。
2. 會引起消費者情感的聯結。
3. 有助品牌印象感快速建立。
4. 間接對業績提升有助益。
5. 初步提升品牌知名度確有效益。

三、找代言人三原則

1. 高知名度、高好感度。
2. 具良好形象及親和力。
3. 代言人個人特質與產品屬性相一致、相契合。

四、如何做好

1. 要找一個最適當的代言人，但不要怕代言費用太高。
2. 注意代言人 3 條件及原則，如上述。
3. 應拍攝 2～4 支電視廣告片，要具有廣告創意，要叫好又叫座。
4. 要注意不要代言人太突出，而忽略產品呈現及對品牌的記憶度。
5. 不只是電視廣告，還要有其他系列性配套活動搭配。
6. 代言人要使品牌在媒體上多露出、多報導。
7. 要能夠有足夠行銷廣宣預算支持才行。
8. 行銷的成功，不能仰賴代言人單一因素，而是要行銷 4P 同步都要做好。

9. 代言人若證明有效果，第二年可續簽，否則應換人。

五、代言人效益評估的二項指標

1. 對品牌力提升及強化是否有效益。
2. 對業績力提升及增加是否有效益。

〈祕笈 5〉熟客經營學，提升回購率！

一、熟客、老顧客非常重要

1. SOGO 百貨八成的業績，都是來自八成商圈內的老顧客。
2. 茶裏王、瑞穗鮮奶、TOYOTA 汽車、統一泡麵、桂格燕麥片等業績十多年來都很穩定，且位居第一品牌，就是因為有一群熟客、老顧客的支持。

二、二八比例原則

1. 業界常有二八比例原則，即二成重要 VIP 老顧客，貢獻了八成的業績額。
2. 另外，根據統計，爭取一個新顧客的成本是維繫一個老顧客成本的 5 倍之多，因此維繫老顧客更重要。

三、如何鞏固、穩住這些熟客、老顧客

主要做法有如下幾點：

1. 要持續提供高品質、穩定品質的產品給顧客，這是首要的根基。
2. 應該努力使老顧客、熟客對我們的品牌產生信任感及忠誠度，就會有不斷的回購率提升。
3. 適當節慶時，仍要有一些促銷、優惠回饋給老顧客及熟客。
4. 應提供一些獨家行銷活動，例如 SOGO 百貨日本特展，回饋給老顧客。
5. 適量電視廣告播出，維持品牌出現的一定聲量，並 Reminding（提醒）

品牌的存在感。

6. 應適當舉辦公益活動，塑造好形象的感受，爭取認同感。
7. 仍要不斷創新，與時代同進步，才不會使老顧客走開。
8. 服務業的門市店現場人員，要保持與這些熟客良好互動關係。

〈祕笈 6〉多品牌策略！

一、多品牌策略的好處、益處

1. 可擴展不同的區隔市場及目標客群。
2. 可增加通路據點的陳列空間。
3. 可爭取習慣性品牌轉換者。
4. 可增加總營收及總利潤。
5. 可促進組織內部良性組織競爭及優秀人才出頭天。
6. 可使定價更多元化，以高價、中價、低價位迎合各種價位需求者。

二、成功案例

多品牌策略的成功案例有：瓦城、王品、TOYOTA、P&G、Unilever、萊雅、花王、統一企業、桂格、華歌爾、六角國際……等諸多公司。

三、如何做好

每一個品牌要有：

1. 不同的定位。
2. 不同的目標顧客群。
3. 不同的價位。
4. 不同的特色。
5. 不同的品牌名稱。
6. 不同的品牌訴求。
7. 不同的代言人。
8. 不同的廣告呈現。
9. 不同的配方、成分。

10. 不同的包裝、設計。
11. 不同的 logo 標誌。

四、組織配套

1. 每個品牌應由一個品牌經理負完全責任。
2. 每個品牌應視為利潤中心制度經營。

〈祕笈 7〉強化體驗行銷活動！

一、案例

曾有效果的舉辦過體驗行銷案例的品牌有：花王、TOYOTA 汽車、SONY 家電、象印電子鍋、萊雅彩妝品、三星手機、LG 家電、dyson 吸塵器、名牌鐘錶、豪宅預售屋、COSTCO 量販店、家樂福量販店……等。

二、體驗活動的好處和益處

1. 透過體驗活動，可使消費者親自觸摸到、看到、聞到、吃過、用過、穿過，才會對此產品、此品牌、此服務有感！有感後，才會有可能去購買！
2. 假設每場活動有 200 人參加，則 100 場下來，即有 2 萬人體驗過此產品，這些人就是最好的口碑行銷人員了。
3. 體驗活動的成本花費比電視廣告、報紙廣告、社群廣告都要低，可說花費不大。
4. 可作為整合行銷的搭配活動，有愈來愈多趨勢。

三、做法

1. 體驗的場所，可有固定或流動的，包括：體驗車、體驗會、體驗營、體驗攤位、體驗店等方式呈現。
2. 應委託專業的活動公司或公關公司進行較佳。
3. 要有適當的媒體宣傳，才會有更多消費者參與。
4. 最好在現場有贈品發送，才會吸引更多人參加，或是價格優惠，吸引人購買。

5. 活動現場要有很好的主持人，才能帶動現場氣氛。

〈祕笈 8〉打造高品質、高質感產品力！

一、高品質、高質感案例

1. 日本家電：SONY、Panasonic、象印、日立、大金、三菱、膳魔師……等。
2. 歐洲名牌精品：LV、GUCCI、HERMÉS、CHANEL、DIOR、Cartier、BURBERRY、百達翡麗、ROLEX、寶格麗……等。

二、高品質、高質感產品力的好處

1. 顧客會有好口碑、好評價。
2. 顧客會有高評價。
3. 顧客會推薦給其他人。
4. 高品質是企業生命所在。
5. 高品質才會耐用。
6. 高品質才會有較高定價及較高利潤。

三、如何做到

1. 使其成為公司基本的、重要的信念與理念。
2. 要求任何新產品上市，一定要有高品質嚴格要求。
3. 研發部門在產品設計之初，就要有高品質觀念。
4. 堅持要用好原料、好零組件、好的設備，製造出好產品。
5. 品管流程要嚴格、要守住。
6. 觀念上要有打「價值戰」，不打「價格戰」的要求。
7. 門市店、專門店、專櫃等在裝潢上及服務人員，也都要求要有高質感的服務應對。

〈祕笈 9〉定價要有高 CP 值感受！

一、高 CP 值的涵義

通常是指 Performance／Cost＞1，即消費者所得到效果感受，遠大於成本付出，即有物超所值感。

一般來說，高 CP 值指的是平價或低價的產品或服務居多。雖然，前面有提過要做價值競爭而非價格競爭，但平價或低價成功的案例仍不少，顯見仍有一大群顧客群需要平價的需求。

二、平價成功的案例

1. **咖啡**：City Cafe、Let's Café、路易莎咖啡等。
2. **服飾**：優衣庫、GU、NET、ZARA 等。
3. **餐廳**：京星港式飲茶、漢來海港自助餐、石二鍋、欣葉自助餐等。
4. **其他**：美麗日記面膜、手搖飲、平價保養品……等很多。

三、如何做到高 CP 值感受

1. 定價比競爭對手真的便宜，處在平價或低價的消費者感受價格帶。
2. 雖然平價、低價，但仍具備一定的質感及穩定品質，雖不能說最高品質，但標準品質及基本品質是做得到的。
3. 為了降低價格，因此，要儘量控制採購成本；只要能有低的採購成本，就可以壓低製造成本，就能平價供應，故創造規模經濟量是很重要的。例如 7-11 的 City Cafe 一年賣 3 億杯那麼多，成本就很容易降下來的。
4. 有些工廠在中國或東南亞生產製造，也有幫助降低成本。現在很多有品牌的產品大都在這二個地區製造，故亦可以拉低成本，而平價供應。
5. 另外，平價或低價產品，有時候也有必要做電視廣告，打響品牌知名度及信賴度，幫助更大銷售量。
6. 高 CP 值產品也常透過人際間或社群間口碑相傳，讓更多人來消費。

〈祕笈 10〉品牌避免老化，要年輕化！

一、品牌老化的現象

1. 顧客群老化了，都是中年人以上使用者。
2. 產品一直未改善、未更新、未升級，故老化了。
3. 銷售量及市占率老化了、衰退了。
4. 獲利顯著衰退了，甚至虧損了。

二、品牌老化不利點

1. 產品會被通路下架、退櫃，或放到最不好的位置去。
2. 虧損持續產生。
3. 品牌被結束了，不再生產了。

三、如何做到品牌永保年輕化

1. 產品要推陳出新，不能以一支產品用到老，故產品一定要定期改良、改款、改版、升級，並增加附加價值。
2. 電視廣告代言人要找年輕一、二線藝人做代言人，以吸引年輕客群。
3. 要適時推出以年輕人為對象的新品牌、新產品。
4. 產品的外觀、包裝、設計也要同步改革為年輕化感受。
5. 品牌定位可能也要重新改變、重新定位，才能活起來。
6. 定價要能符合年輕人，不能訂太高價格，要有高 CP 值感受。
7. 儘量多利用社群媒體，如 FB、IG、LINE、YouTube 等，多跟年輕客群溝通及傳播訊息。
8. 可利用當紅的網紅或 YouTuber 做行銷宣傳。
9. 通路可上架到電商通路去，使網購通路也能普及。
10. 多舉辦些年輕人喜歡的活動，例如音樂會、歌唱表演、藝文、展覽等。

〈祕笈 11〉掌握市場趨勢變化，並快速有效因應！

一、好處在哪裡

1. 可掌握到新商機、新營收、新利潤來源。
2. 可避掉可能的新威脅、新不利點。
3. 可適時推出因應市場變化的新產品、新品牌上市或改良、改款式產品上市。

二、案例

市場趨勢變化的案例，諸如：

1. 電動機車。
2. 電動汽車。
3. 省電冷氣、冰箱。
4. 百貨公司餐廳化。
5. 平面媒體轉數位媒體。
6. 社群媒體崛起。
7. 網紅、YouTuber、直播崛起。
8. 直營門市店增多、經銷店縮少。
9. 機器人、人工智慧（AI）。
10. 小巨蛋展演活動增多。
11. 餐飲、飲料連鎖店增多。

三、如何做到

1. 行銷部要有專人、專責每天負責觀察國內外相關的資訊報導與市場變化、產業變化。
2. 每月一次行銷部必須向相關單位做月報告，以及提出相關因應建議及策略性看法。
3. 要與上游供應商、下游零售商多互動、交換訊息，了解新動態、新發展及新看法。

4. 適時做消費者市調或焦點座談會。
5. 多出國參加大型展覽及多出國考察國際同業最新發展趨勢及做法。
6. 要求營業部門要提出快速因應對策及有效做法出來。

〈祕笈 12〉鎖定分眾經營與專注經營！

一、分眾經營案例

現代行銷已沒有大眾市場了，都是分眾市場、分眾經營，唯有分眾經營及專注經營，才會勝利成功。例如：

1. **歐洲名牌包**：針對極高所得的名媛貴婦、藝人、董事長夫人等為分眾市場。
2. **展演會**：針對年輕人的分眾市場。
3. **平價服飾、平價餐廳**：針對基層低所得為分眾市場。

二、專注經營案例

1. **瓦城、王品**：專注餐飲事業。
2. **TOYOTA**：專注汽車事業。
3. **優衣庫**：專注服飾事業。
4. **資生堂**：專注彩妝保養品。
5. **統一企業**：專注食品及飲料。
6. **亞尼克**：專注蛋糕事業。
7. **台積電**：專注晶圓代工。

三、如何做好

1. 行銷一開始，就要鎖定某類目標客群，展開分眾經營及分眾行銷。
2. 並且專注在某個事業領域，做到專、做到精，即會勝出成功。
3. 中高階主管，尤其應有此理念，勿求短效、勿求膨脹、勿要什麼都做，只要專心做好一件事，只要針對某分眾客群，即會行銷成功。

〈祕笈 13〉建立與大型通路商良好關係！

一、重要性

與大型通路商建立良好關係，此很重要，如此才能上架，消費者也才會看到及買得到，否則一切的廣告宣傳都浪費沒有用了。

二、大型通路有哪些

1. **便利店**：7-11、全家、萊爾富、OK。
2. **超市**：全聯、美廉社。
3. **量販店**：COSTCO、家樂福、大潤發、愛買。
4. **百貨公司**：新光三越、SOGO、遠東百貨、微風百貨、大遠百等。
5. **藥妝店**：屈臣氏、康是美、寶雅。
6. **3C 店**：燦坤、全國電子。
7. **書店**：誠品、金石堂。
8. **網購**：momo、PChome、雅虎、蝦皮。

三、如何做到

1. 當通路有促銷檔期時，必須全力配合，使之成功。
2. 須適度投放電視廣告做宣傳，讓零售店的商品好賣一些，這樣通路商才有錢賺。
3. 定價方面，也要與通路商談好，什麼價格可以好賣。
4. 必須持續開發有潛力新產品上架，不能只賣舊品。
5. 供貨及補貨均要準時，從不缺貨。
6. 逢年過節，應送些禮品給通路商採購人員，表示感謝。
7. 帳期、票期也要配合通路商的規定。
8. 有必要為通路商代工自有品牌時，也要盡力而為。
9. 還有其他合約規定專項的配合。

〈祕笈 14〉適當行銷廣宣預算投入！

一、行銷廣宣預算目的

1. 有助於打造品牌力，包括：品牌知名度、喜愛度、指名度及信任度。
2. 間接有助業績增加，達成預算目標。
3. 有助企業形象提升，並提醒消費者我在這裡。
4. 有助建立品牌與顧客間的情感聯結。

二、投入多少廣宣預算

1. 通常採用年度營業預算的某一個百分比，約 1%～5% 之間。例如：
   10 億 × 3% ＝3,000 萬
   100 億 × 1% ＝1 億
   5 億 × 5% ＝2,500 萬
2. 或是觀察競爭對手多少金額，例如：人家花 5,000 萬，我們只有花 1,000 萬，顯然在品牌曝光量上，我們就輸了。
3. 或是有一個挑戰性目標，例如挑戰第一品牌，故也會編較多廣宣預算。

三、投在哪些地方

1. 要看行業及產品的特性而有不同。若是中年人或老年人產品，則會集中在傳統媒體投放廣告，例如電視；若是年輕人產品，則會多放一些廣告在網路廣告及行動廣告上，例如：臉書及 IG 廣告、YouTube 廣告、Google 廣告、其他網路及行動廣告上。
2. 一般而言，現在傳統與數位媒體廣告配置比例，約為 7：3 或 6：4 或 5：5。傳統媒體廣告量近 5 年來減了很多，像報紙、雜誌、廣播都減少 3 成～5 成之多，影響很大！
3. 另外，會保留一部分行銷預算做記者會體驗活動、公益活動等。

四、效益評估

效益評估，主要集中在二項，一是對品牌力的效益，二是對業績的效益。

〈祕笈 15〉360 度全方位整合行銷傳播操作！

一、意涵

此係指跨媒體、跨行銷的 360 度全方位、鋪天蓋地式，全力攔截消費者目光，以求做到最大曝光量，快速提升品牌注目度、記憶度、形象度及認知度之目的。

二、為何

早期的傳統行銷，因為媒體很有限、消費者也比較單一，故只要集中電視或報紙就很有效。

但現今，媒體非常多元化，消費者的偏愛也很多元化，因此，任何單一的行銷操作已不容易涵蓋全部的目標客群；故必須要有整合性及集中性的概念，比較容易達成行銷效果。

例如，現在年輕人比較少看電視，報紙更少接觸，故必須加入網路及社群媒體才行。

三、如何做

1. 我們觀察品牌廠商在新產品上市時，最易操作整合行銷。例如：原萃綠茶、金車柏克金啤酒、OPPO 手機、三星 S9 系列……等，或是某些品牌全年度的行銷預算配置也都有整合行銷的概念。
2. 一個新品牌或既有品牌的年度整合行銷標準操作，大致包括下列：

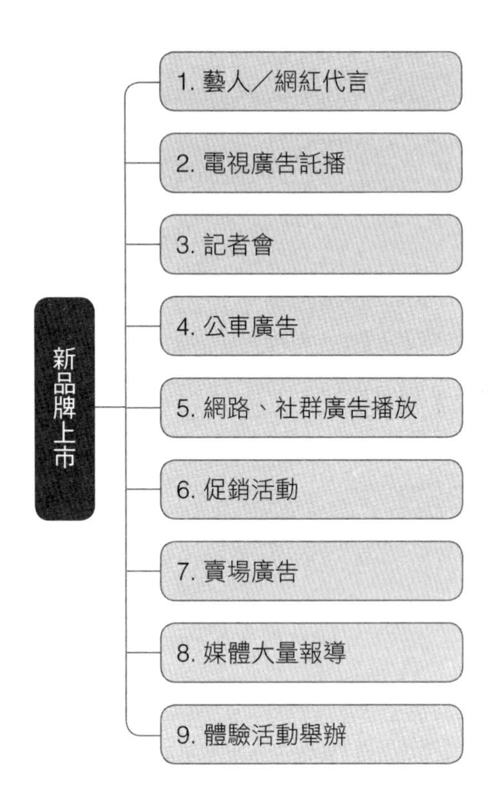

〈祕笈 16〉電視廣告創意，要叫好又叫座，才算成功！

一、電視廣告耗資多，要注重 ROI

一個品牌的年度廣告預算，少則 3,000 萬元，多則上億元，故要注意到 ROI（投資報酬率）是否理想，也就是，投放大量電視廣告後，在品牌力及業績力二者是否有較過去更加提升及成長。

二、叫好又叫座的電視廣告品牌

這幾年，有些品牌的電視廣告能夠達到叫好又叫座的案例，如下：OPPO 手機、三星手機、City Cafe、中華電信、桂格養氣人蔘、全聯、台啤、LEXUS 汽車、瑞穗鮮奶、柏克金啤酒、三得利保健品、原萃綠茶、麥當勞、天地合補、御茶園、專科保養品、花王 Bioré、茶裏王、精工錶、普拿疼、好來牙膏、Panasonic、日立、大金……等均是。

三、如何做好

1. 儘量找前十大知名廣告公司，其創意表現及製作能力均較佳，做出的廣告片也較有成效。
2. 品牌廠商自己要很清楚此次做廣告的目的為何？產品特色為何？需不需要找代言人？而廣告公司也要深入了解品牌廠商的產品、策略、市場現況、目標客群、競爭對手狀況等，雙方才會做出好的電視廣告片。
3. 廣告創意必須要不斷、充分的討論及修正，才會有最好的創意產生。
4. 應找最好的導演，才會有高水準的影片出來。
5. 叫好又叫座的電視廣告片，就消費者看了有感！有感之後，才會有記憶度、認知度、好感度、信任度及促購度！
6. 電視廣告在做之前與做之後，為慎重起見，應舉辦幾場消費者焦點座談會，聽聽顧客的看法，然後融入影片創意內。
7. 廣告公司要自許為品牌廠商的行銷夥伴，要為品牌商打造出一流的品牌力及業績力為目標，這樣才是成功的廣告公司！

〈祕笈 17〉同步、同時做好、做強行銷 4P/1S 組合策略！

一、何謂行銷 4P/1S 組合

行銷 4P/1S 是行銷操作的核心主體：

1. Product：產品力；產品策略規劃。
2. Price：定價力；定價策略規劃。
3. Place：通路力；通路策略規劃。
4. Promotion：推廣力；推廣策略規劃。
5. Service：服務力；服務策略規劃。

二、為何要同步、同時做好

1. 因為每一項都很重要。例如：產品力不好，光打廣告，也沒用。
2. 再如，產品力好，但不打廣告的話，品牌知名度差，這也不行。

3. 因此，哪一個 P 不好，都會傷到這個品牌的形象及業績。故，絕不能有：產品力差、價格力太高、通路上架力不行、或推廣不佳、服務不行等。

三、如何做好

1. 任何一個新品開發及上市，或引進代理一個新品牌，必須要求各部門，從 4P/1S 這五項指導原則，同時著手看待及評估，並建立一個查核表，查核這五項是否已經很完善，才能上市銷售。
2. 必須列入公司的組織文化內及建立 S.O.P.（標準作業流程）的一環！

拾柒、品牌經理行銷實戰祕笈

品牌經理的八大行銷工作重點

品牌經理（Brand Manager）在外商公司消費品產業中，扮演著公司營運發展的重要支柱，像 P&G（寶僑）、Unilever 聯合利華、Nestle（雀巢）、L'ORÉAL（歐萊雅）、LVMH（路易威登精品集團），以及國內的統一企業等，均是採行品牌經理行銷制度非常成功的企業案例。即使不是採取品牌經理制度的，亦大都採取「產品經理」（Product Manager）或「行銷企劃經理」（Marketing Manager）制度模式，其實這三者，並不能說差異很大，畢竟，企業營運及行銷都要講求獲利及生存，組織方式、組織名稱及組織的權責分配狀況，倒不是唯一重要的。

因此，不管是品牌經理、產品經理或行銷企劃經理，其相通的八大行銷實戰工作，根據作者長期研究，大概可以歸納出下列具邏輯順序的八項重點：

一、市場分析與行銷策略研訂

任何行銷策略、行銷計畫研訂之前，當然要分析、審視、洞察及評估市場最新動態及發展趨勢，然後才能據以進一步訂下行銷策略的方向、方式及重點。在這個階段，品牌經理還須細分下列五項工作內容，包括：

1. 分析及洞察市場狀況與行銷各種環境的趨勢變化。
2. 接著，對本公司現有產品競爭力展開分析，或對計畫新產品開發方向的競爭力分析評估。
3. 然後，找出今年度或上半年度行銷策略的方向、目標、重點及優先性加以提出。
4. 並且，試圖創造出行銷競爭優勢、行銷競爭力、行銷特色及行銷主攻點，然後才能突圍或持續領先地位。
5. 最後，再一次檢視、討論及辯證行銷策略與市場趨勢變化的一致性，以及策略是否有效的再思考。

二、對既有商品改善與強化計畫，或對新商品上市開發計畫，或對多品牌／自有品牌上市開發計畫

商品力通常是行銷活動的最核心根基及啟動營收成長的力量所在。因此，品牌經理念茲在茲的，就是要從既有商品或新商品的角度出發，展開革新或創新工作。

三、提出銷售目標、銷售計畫及產品別／品牌別的今年度損益表預估數據

此部分要配合業務部門及財會部門，參考同業競爭狀況、市場景氣狀況，以及本公司的營運狀況政策與行銷策略的最新狀況，然後訂出公司高層及董事會要求的績效與獲利目標。

四、銷售通路布建的持續強化

協助業務針對通路發展策略、獎勵辦法、教育訓練支援、賣場促銷配合及通路貨架陳列等相關事項，做出提升通路競爭力的工作。唯有在各層次通路商良好的搭配下，商品銷售業績才會有好的結果。

五、商品正式上市活動及媒體宣傳

品牌經理必須提出整合與行銷傳播配合方案，不只是透過單一廣告媒體的宣傳而已。務使其各種行銷傳播工具或活動的進行，將新品牌知名度在極短時間內，拉到最高。

六、銷售成果追蹤與庫存管理

產品改良上市或新品上市後，才是品牌經理挑戰的開始。品牌經理必須與業務經理共同負起銷售成果的追蹤，每天／每週／每月均密切開會，交叉比對各種行銷活動及媒體活動後的銷售成績，找出業績成長與衰退原因，並且立即研擬新的行銷因應對策，再付諸實施。另外，庫存數量的管理也很重要，庫存過多，影響資金流動；庫存過少，不能及時供貨給通路商。

實務上，除了檢討銷售業績外，對於各品牌別的損益狀況及全公司損益狀況，公司高層必然也會及時在次月的 5 日前，即展開當月別的損益盈虧狀

況的檢討及分析，然後對品牌經理及業務經理提出資訊告知及對策指示。

七、定期檢視品牌健康度（品牌檢測）

品牌權益價值常隨顧客群對本公司品牌喜愛及忠誠度的升降而有所改變。品牌經理必須注意到在幾個主要競爭品牌與時間的消長狀況如何。同時，通常每年至少一次或二次，要做品牌檢測的市場調查報告，以了解本品牌在顧客心目中的變動情況，是更好或變差了，或是維持現狀，然後提出因應對策。

八、準備防禦行銷計畫或採取改變行銷計畫

品牌經理其實最痛苦的是，每天必須面對競爭對手瞬息萬變的激烈競爭手段，例如，常見競爭對手採取大降價、大促銷、大廣告投入、全店行銷等各種強烈手段搶攻市占率、搶客戶、搶業績，在此狀況下，品牌經理有何防禦計畫或轉守為攻的攻擊行銷計畫，也都是品牌經理在產品上市或日常營運過程中，每天必然面對的無數挑戰。

結語：敏銳、彈性、創意、溝通協調、前瞻、耐操，是品牌經理應具備的六項條件

品牌經理擔負著八項繁重的行銷工作，從規劃、執行到追蹤考核等，可以說非常辛苦，經常要每天加班到晚上，因為在各品牌激烈競爭中，要維持既有成果或創造成長空間，不是一件容易的事情。因此，一個優良且成功的品牌經理人員，一定非要具備下列六項條件不可，包括：

1. 面對市場變化，須具「敏銳性」。
2. 面對行銷計畫推動，須具「彈性因素」。
3. 面對致勝祕訣，須具「創意性」。
4. 面對內外部協力支援單位，須具良好的「溝通協調性」。
5. 面對整體營運發展趨勢，須具「前瞻性」。
6. 面對每天長時間的工作，須具「耐操性」。

看來，要保持一個「行銷常勝軍」紀錄的卓越品牌經理，還真不是一件簡單的事。不僅需要公司或集團強大資源的投入支援，而且個人也須具備上述這六項要件才可以。

以下的架構圖示，顯示出這八項品牌經理工作的內涵細項，這些都很重要，請讀者納入平時工作中的參考點。

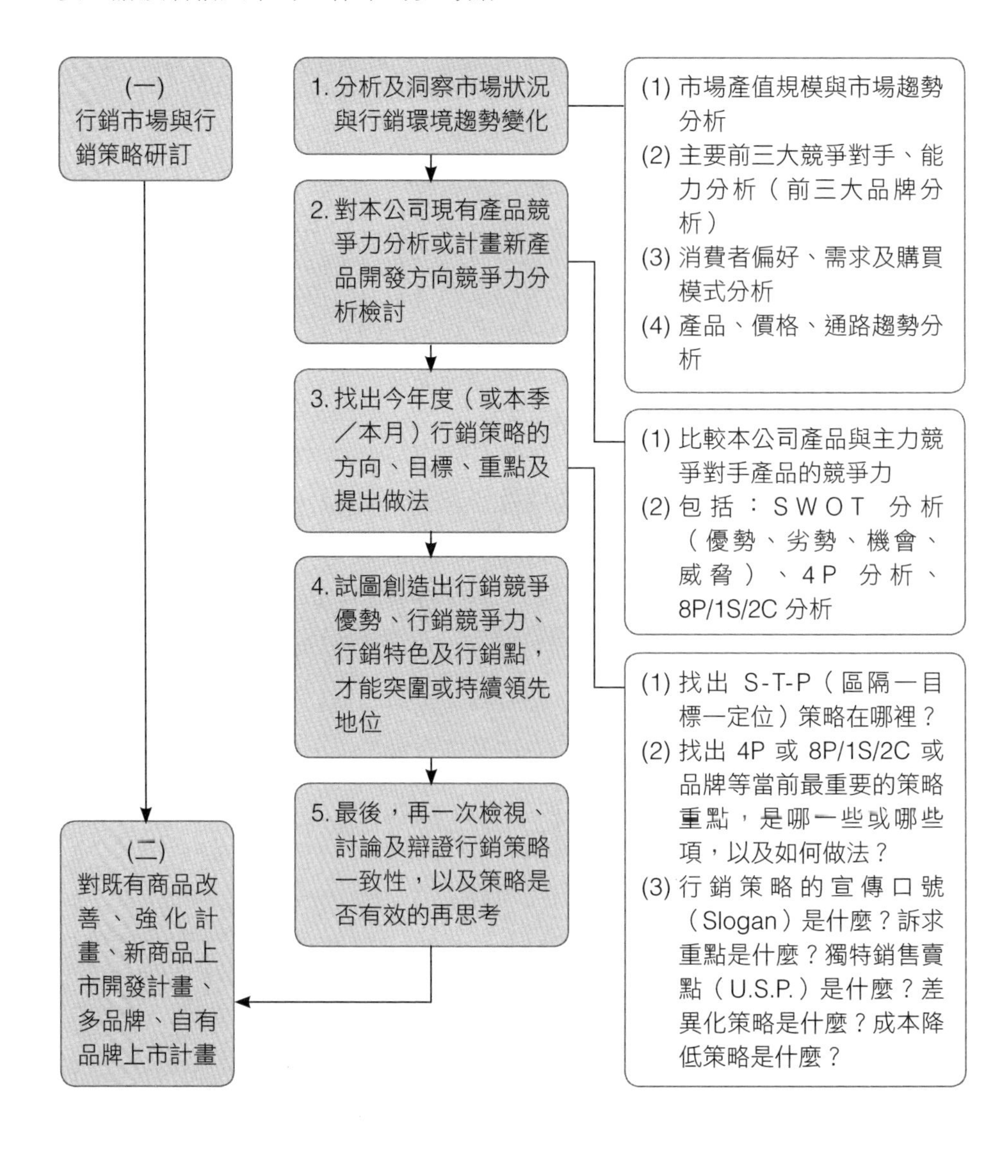

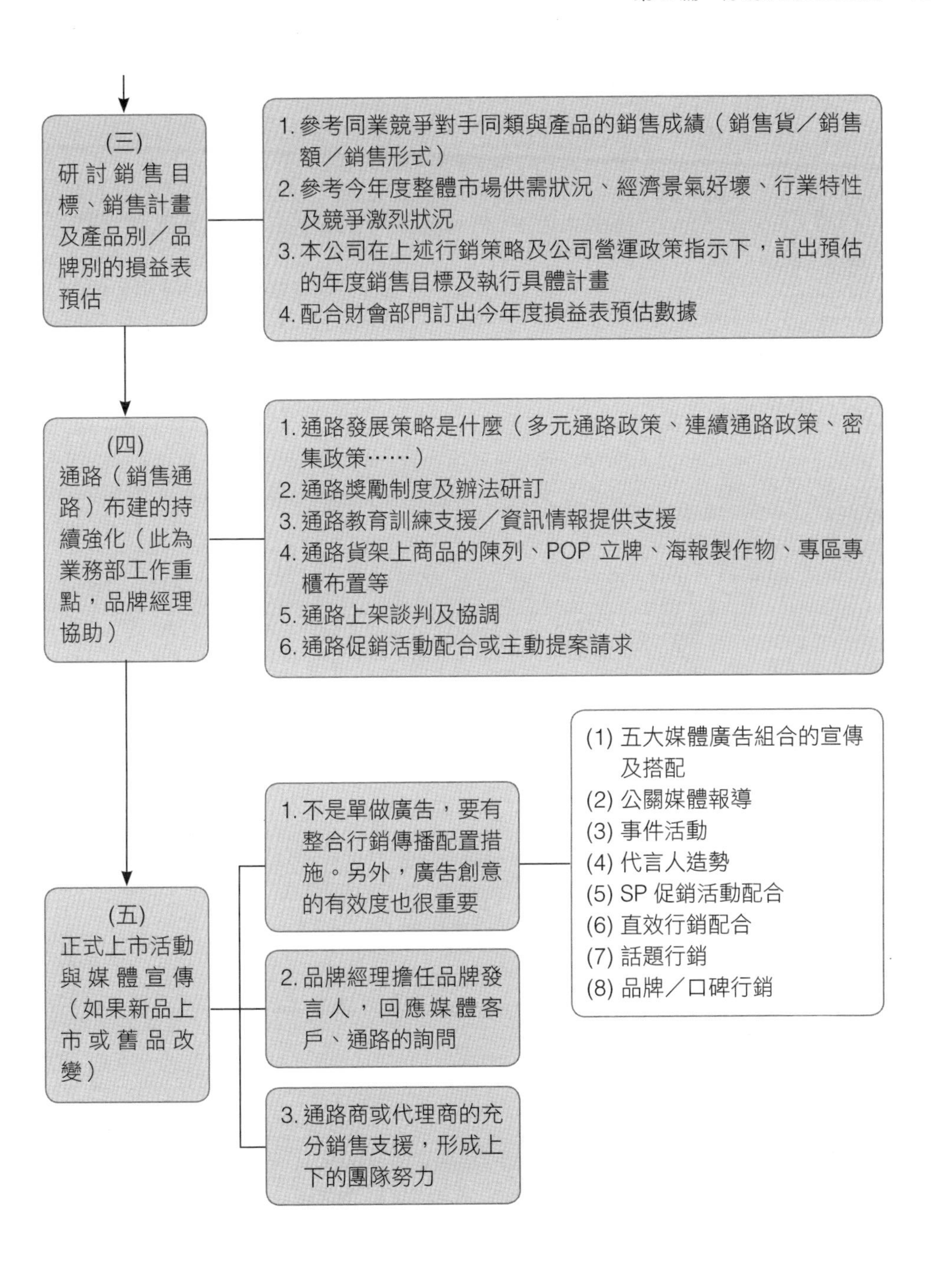
(三)
研討銷售目標、銷售計畫及產品別／品牌別的損益表預估
1. 參考同業競爭對手同類與產品的銷售成績（銷售貨／銷售額／銷售形式）
2. 參考今年度整體市場供需狀況、經濟景氣好壞、行業特性及競爭激烈狀況
3. 本公司在上述行銷策略及公司營運政策指示下，訂出預估的年度銷售目標及執行具體計畫
4. 配合財會部門訂出今年度損益表預估數據
(四)
通路（銷售通路）布建的持續強化（此為業務部工作重點，品牌經理協助）
1. 通路發展策略是什麼（多元通路政策、連續通路政策、密集政策……）
2. 通路獎勵制度及辦法研訂
3. 通路教育訓練支援／資訊情報提供支援
4. 通路貨架上商品的陳列、POP 立牌、海報製作物、專區專櫃布置等
5. 通路上架談判及協調
6. 通路促銷活動配合或主動提案請求
(五)
正式上市活動與媒體宣傳（如果新品上市或舊品改變）
1. 不是單做廣告，要有整合行銷傳播配置措施。另外，廣告創意的有效度也很重要
(1) 五大媒體廣告組合的宣傳及搭配
(2) 公關媒體報導
(3) 事件活動
(4) 代言人造勢
(5) SP 促銷活動配合
(6) 直效行銷配合
(7) 話題行銷
(8) 品牌／口碑行銷
2. 品牌經理擔任品牌發言人，回應媒體客戶、通路的詢問
3. 通路商或代理商的充分銷售支援，形成上下的團隊努力

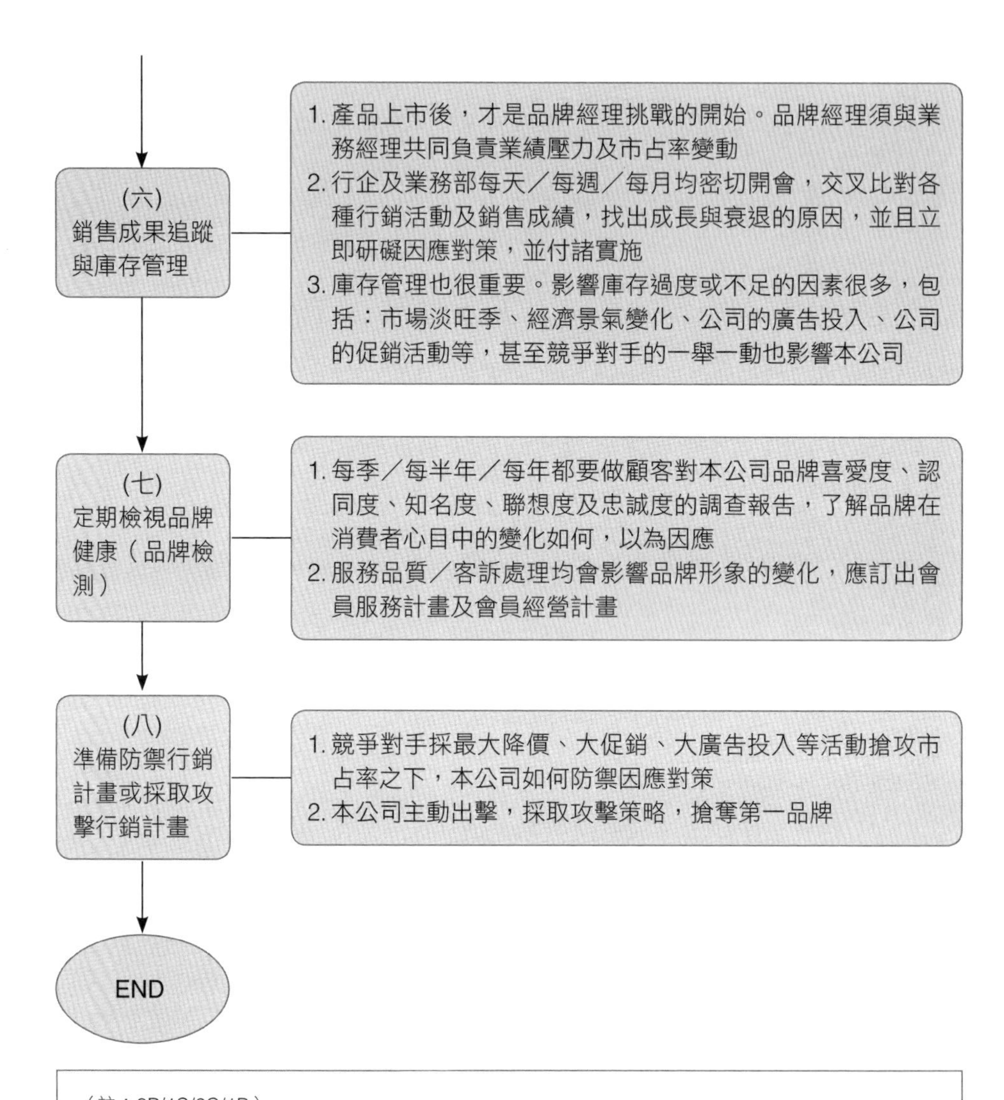

（註：8P/1S/2C/1B）

8P
Product（產品）
Price（價格）
Place（通路）
Promotion（推廣）
Public Relations（公關）
Professional Sales（銷售）
Physical Evironment（實體環境）
Processing（流程）

1S
Service（服務）

2C
CRM（顧客關係管理）
CSR（企業社會責任）

1B
Branding（品牌工程）

拾捌、品牌經理在「新商品開發及上市」過程中的工作重點

新商品開發及上市，是品牌經理非常重大的考驗。因為這不像一般既有商品的單純操作，只是一種維繫性工作，只要能保住原有銷售業績成果，就可以向上級交差了事。而且，畢竟既有品牌也已推出多年，應有一些穩固的基礎，尚不會在短時間內產生太大的變化。但是對於一個新商品的研發及上市則是一個全面性的任務及工作。不僅要打造知名度，而且還要具銷售性，這多重任務及壓力，可以說是非常大的。但是，公司又不可能不定期推出新產品，因為既有產品終究也會有老化或新鮮感消退的時刻。

因此，新商品開發及上市，可屬當務之急，也是考驗品牌經理有多大能耐與功力的時刻。

一般來說，品牌經理在新商品開發及上架過程中，扮演著主導專案小組的工作，大概可再細分為七項工作重點，包括：

一、尋找切入點（商機何在）

品牌經理應該要尋找到可以「商品化」的概念，此即「市場切入點」。這些切入點的來源，包括了品牌經理對國內、國外市場及產業發展的最新趨勢、變化的掌握與判斷，也可以是各種來源管道的產品創意提案等來源。一旦尋得切入點，即要加快速度、大膽投入、克服各項難題，取得先機。

二、產品前測（上市前之工作）

在產品正式生產及上市之前，品牌經理還須做好下列幾件事情，包括：

1. 找出產品特有的屬性、特色及獨特銷售重點（Unique Selling Point; USP）。
2. 評估出 S-T-P 架構，找出產品的區隔市場、目標客層及產品定位何在等策略決定。

3. 在試作品完成後，即應協同市調公司進行新品測試工作。例如，消費者對這個產品的口味、包裝、品名、包材、容量、設計風格、定價等之反映意見，並針對缺失不斷調整改進，直到市調得到最大多數人的滿意為止。
4. 要求廣告公司、公關公司、活動公司提出產品上市後，整合行銷傳播計畫及行銷預算支出的討論確定。

三、準備進入生產製造或委外代工生產

品牌經理此刻須與業務部門經理共同討論，以及做出前三個月、前半年的銷售預測，並納入生產排程，並且協調物流配送作業安排。

當然，此時除了產銷協調工作外，高層主管也會要求品牌經理配合財會部門的作業，提出新產品上市每月及一年內的預估損益概況，以了解第一年的虧損容忍度是多少。有的公司甚至會被要求做出二年度的損益預估表。當然，年度愈長就會愈不準確，因為市場狀況變化會很大。

四、生產完成後，準時通路上架完成

品牌經理在此階段，會要求業務部門一定要協調好各通路商，在限期內準備好新商品準時上架的目標。這也是一項複雜工程，須準時完成全臺各縣市及各不同通路據點的上架。然後，才能進行全面的廣告宣傳活動。

五、全面展開整合行銷宣傳

接著，品牌經理針對已經規劃好的行銷宣傳活動，即刻全面鋪天蓋地施展計畫。包括：第一波五大媒體的廣告刊播露出、代言人宣傳、新品上市記者會、媒體充分報導、販促活動舉辦、事件行銷活動舉辦等在內，希望能一炮打響此產品的知名度及促銷度。

六、隨時緊密檢討第一波新品上市後業績好不好

新品上市一個月，在貨架上大概就可以定生死了。賣得不好的，很快就會被便利商店體系通路退貨下架，不再販售；也有可能出現熱賣的好狀況。但不管賣得好不好、或普通，品牌經理及業務部門，一定要緊密的開會討論，並且蒐集通路商意見及消費者意見，研討如何因應改善的具體措施，可能包括：產品本身問題、價格問題、廣告問題、行銷預算問題等，各種可能的缺失或夠不夠正確。

七、積極籌劃下一個新產品的上市計畫

「人無遠慮，必有近憂」，沒有永遠的第一名，因為第二名、第三名總是虎視眈眈，想辦法搶攻第一品牌的位置。唯有不斷開發、不斷創新，公司才能保有半年到一年的領先優勢。

以上七個工作重點，可以整理如下圖所示：

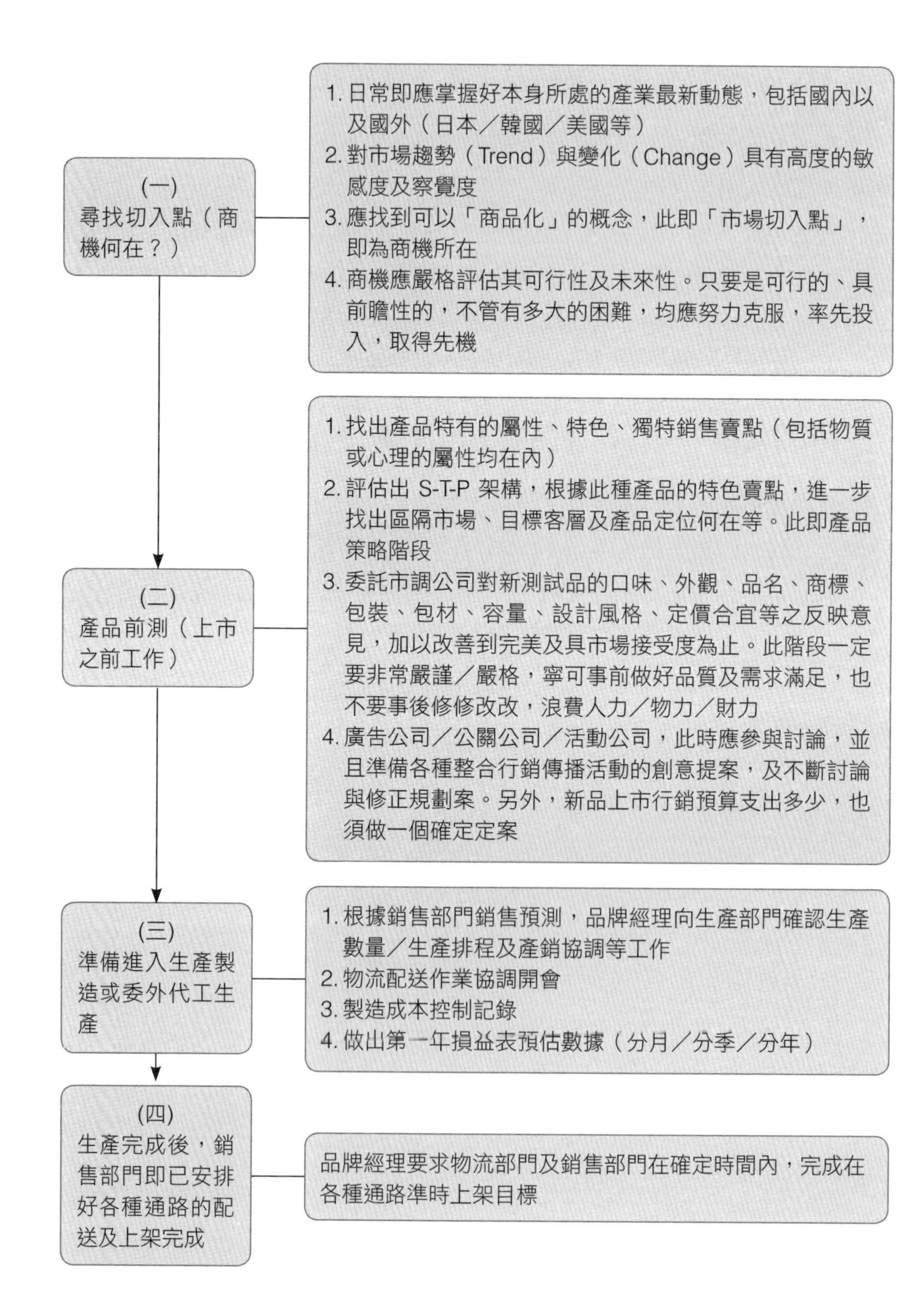
(一)
尋找切入點（商機何在？）
1. 日常即應掌握好本身所處的產業最新動態，包括國內以及國外（日本／韓國／美國等）
2. 對市場趨勢（Trend）與變化（Change）具有高度的敏感度及察覺度
3. 應找到可以「商品化」的概念，此即「市場切入點」，即為商機所在
4. 商機應嚴格評估其可行性及未來性。只要是可行的、具前瞻性的，不管有多大的困難，均應努力克服，率先投入，取得先機
(二)
產品前測（上市之前工作）
1. 找出產品特有的屬性、特色、獨特銷售賣點（包括物質或心理的屬性均在內）
2. 評估出 S-T-P 架構，根據此種產品的特色賣點，進一步找出區隔市場、目標客層及產品定位何在等。此即產品策略階段
3. 委託市調公司對新測試品的口味、外觀、品名、商標、包裝、包材、容量、設計風格、定價合宜等之反映意見，加以改善到完美及具市場接受度為止。此階段一定要非常嚴謹／嚴格，寧可事前做好品質及需求滿足，也不要事後修修改改，浪費人力／物力／財力
4. 廣告公司／公關公司／活動公司，此時應參與討論，並且準備各種整合行銷傳播活動的創意提案，及不斷討論與修正規劃案。另外，新品上市行銷預算支出多少，也須做一個確定定案
(三)
準備進入生產製造或委外代工生產
1. 根據銷售部門銷售預測，品牌經理向生產部門確認生產數量／生產排程及產銷協調等工作
2. 物流配送作業協調開會
3. 製造成本控制記錄
4. 做出第一年損益表預估數據（分月／分季／分年）
(四)
生產完成後，銷售部門即已安排好各種通路的配送及上架完成
品牌經理要求物流部門及銷售部門在確定時間內，完成在各種通路準時上架目標

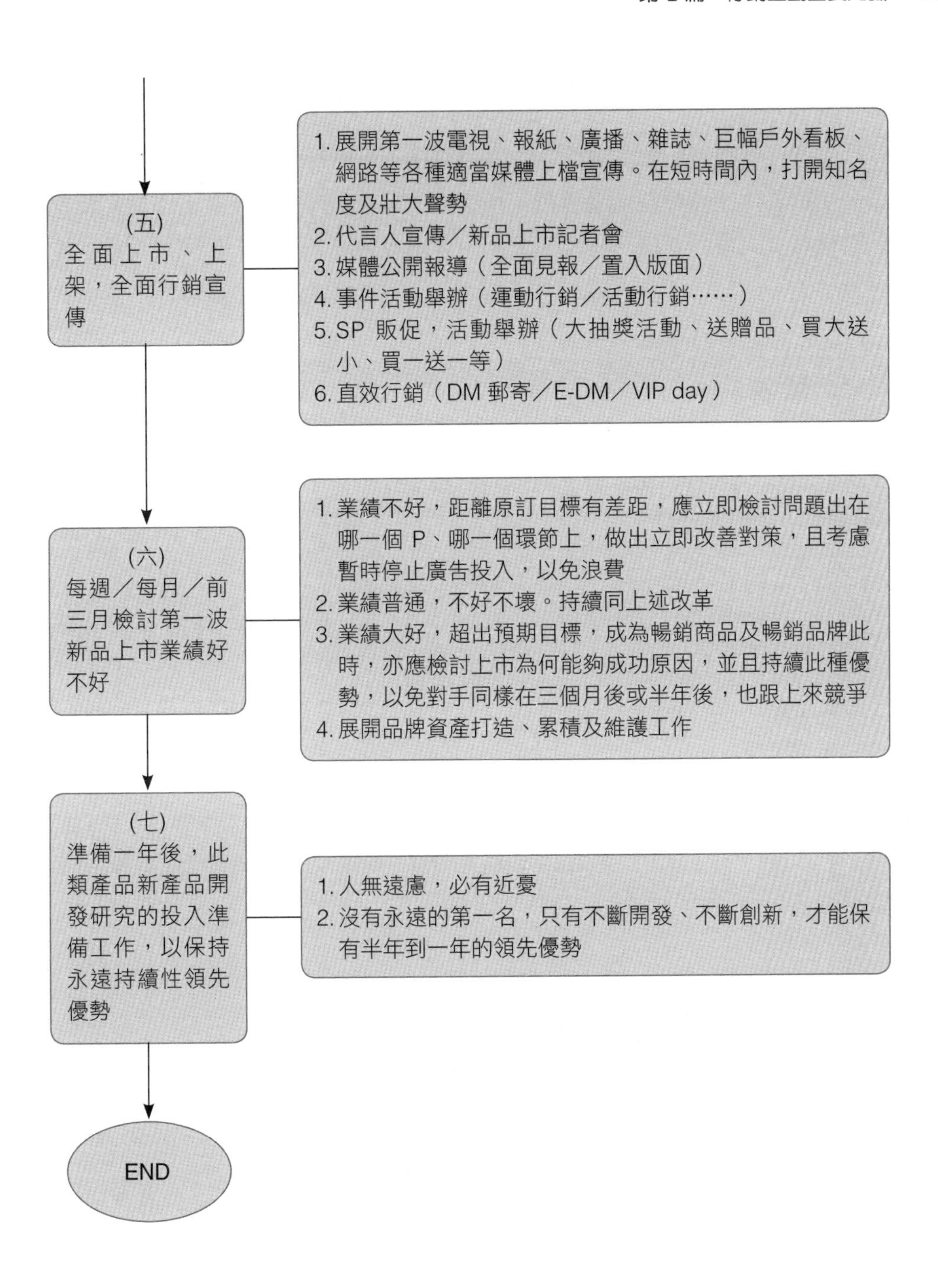
(五)
全面上市、上架，全面行銷宣傳
1. 展開第一波電視、報紙、廣播、雜誌、巨幅戶外看板、網路等各種適當媒體上檔宣傳。在短時間內，打開知名度及壯大聲勢
2. 代言人宣傳／新品上市記者會
3. 媒體公開報導（全面見報／置入版面）
4. 事件活動舉辦（運動行銷／活動行銷……）
5. SP 販促，活動舉辦（大抽獎活動、送贈品、買大送小、買一送一等）
6. 直效行銷（DM 郵寄／E-DM／VIP day）
(六)
每週／每月／前三月檢討第一波新品上市業績好不好
1. 業績不好，距離原訂目標有差距，應立即檢討問題出在哪一個 P、哪一個環節上，做出立即改善對策，且考慮暫時停止廣告投入，以免浪費
2. 業績普通，不好不壞。持續同上述改革
3. 業績大好，超出預期目標，成為暢銷商品及暢銷品牌此時，亦應檢討上市為何能夠成功原因，並且持續此種優勢，以免對手同樣在三個月後或半年後，也跟上來競爭
4. 展開品牌資產打造、累積及維護工作
(七)
準備一年後，此類產品新產品開發研究的投入準備工作，以保持永遠持續性領先優勢
1. 人無遠慮，必有近憂
2. 沒有永遠的第一名，只有不斷開發、不斷創新，才能保有半年到一年的領先優勢
END

八、品牌經理必須藉助內外部協力單位

品牌經理在整個新品開發、生產及行銷上市的複雜過程中，其實扮演的是一個跨單位的資源整合者角色。換言之，品牌經理必須要有很多內部及外部各種專業人員的支援、分工及協助，才可以完成新品上市順利成功的工作任務。下表即顯示出品牌經理必須藉助各公司專業資源及內部各部門協力。

	聯絡單位	工作內容
(一)對外	1. 廣告公司	(1) 工作內容指示（Briefing）。(2) 廣告策略討論。(3) 提案修改、確認。(4) 事後評估討論
	2. 媒體服務公司	(1) 媒體策略討論。(2) 要求廣告報價。(3) 通知媒體購買。(4) 安排 CUE 表（媒體排期表）。(5) 事後評估討論
	3. 公關公司	(1) 工作內容指示。(2) 提案修改、確認。(3) 新聞內容資料提供。(4) 活動相關製作物確認。(5) 活動各項細節確認。(6) 事後評估討論
	4. 市調公司	(1) 工作內容指示。(2) 公關策略討論。(3) 市調細節確認。(4) 調查報告分析。(5) 擬定行動方案
	5. 設計公司	(1) 工作內容指示。(2) 提案修改、確認
	6. 活動公司	(1) 活動案確認、細節擬定。(2) 相關製作物製作。(3) 溝通公司內部相關部門配合。(4) 確認活動順利執行。(5) 事後評估討論
	7. 各類廣告商	(1) 聽取提案。(2) 尋找評估合適媒體
	8. 製作物／贈品公司	尋找合作廠商提供製作物／贈品
	9. 印刷廠	(1) 印刷物／材料選定。(2) 製作物／打樣確認
	10. 新聞媒體	(1) 新聞資料提供。(2) 新聞稿發布。(3) 接受媒體採訪
(二)對內	1. 業務部門／店務部門	(1) 行銷計畫報告。(2) 新品計畫報告。(3) 促銷活動討論。(4) 銷售預估討論
	2. 後勤生產部門	(1) 促銷活動討論。(2) 銷售預估討論。(3) 包裝需求通知

	聯絡單位	工作內容
(二)對內	3. 財務部門	(1) 產品成本與毛利計算。(2) 行銷預算控制。(3) 閱讀相關報表
	4. 採購部門	(1) 提出購買項目。(2) 要求物品到達時間與數量
	5. 品管部門	(1) 產品標示討論。(2) 客訴問題處理
	6. 亞太地區／大中華區辦公室	亞太地區／大中華區專案討論與執行

資料來源：《動腦》雜誌，第 360 輯，頁 43。

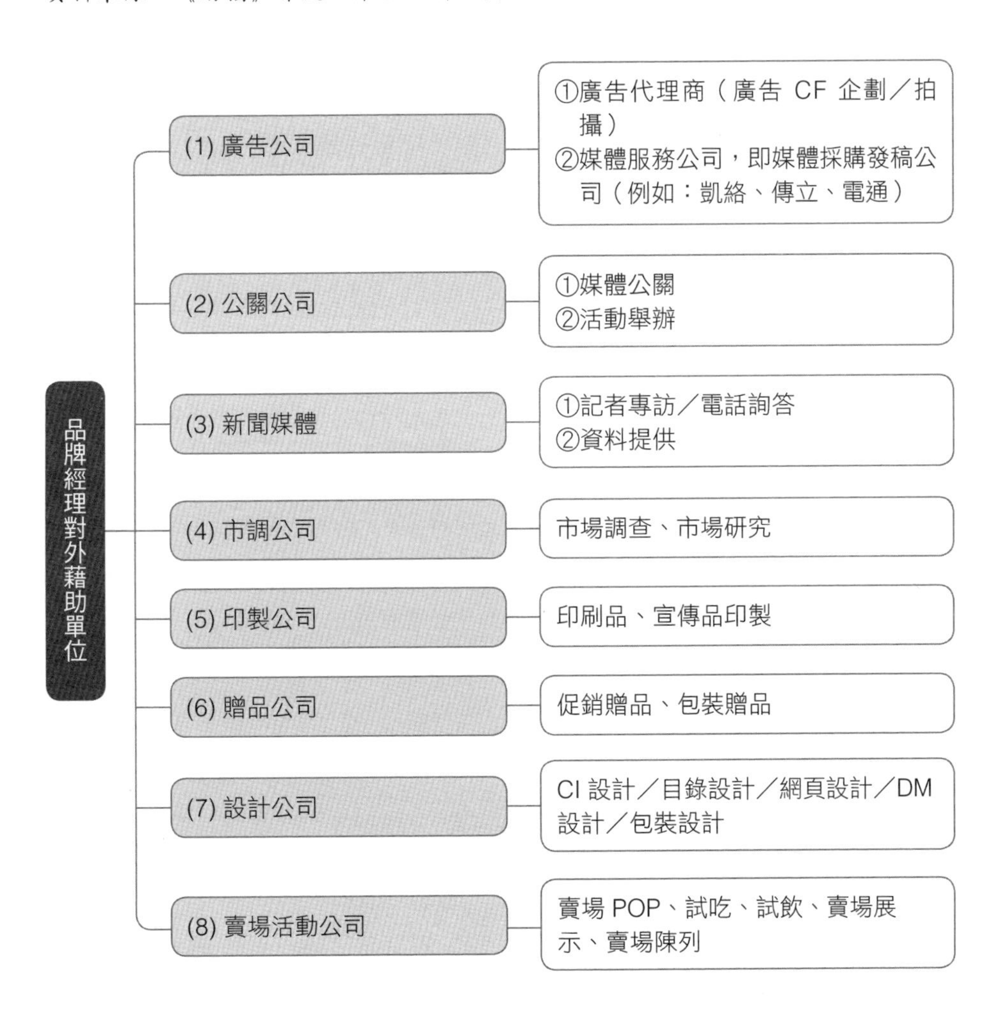

拾玖、優秀品牌經理的能力、特質及歷練

一、品牌經理人的四大能力

(一) 多元化專業能力

1. 品牌經理是一個整合性工作，以及告訴別人應該如何做的指揮者，因此，必須有多元化的專業能力
2. 包括了行銷專業知識、產品研發、業務銷售、產銷協調、廣告、公關及財務損益表分析等各科部門的歷練或開會學習成長

(二) 溝通協調力

1. 品牌經理必須面對很多的合作單位及內／外部協力單位，包括廣告代理商、媒體代理商、媒體公司、公關公司、賣場活動公司、產品研發工作室、市調公司、委外代工公司、藝人經紀公司、通路經銷商、記者以及異業合作公司。另外，還包括內部單位，如業務部、工廠
2. 因此，溝通協調能力、摒除本位主義、個人主義、利益共享原則、謙卑態度、站在對方立場思考等，均是必須做到的
3. 尤其，行銷品牌人員與業務部人員的衝突性較大，一個是花錢單位，一個是背負業績壓力，彼此觀點、目標、做法、組織人員特質、利益等均不太相同

(三) 洞察力

1. 品牌經理每天／每週接收來自各種管道的訊息、報表、市調報告等很多，如何抓取重點、抓取趨勢、見微知著，是一項考驗
2. 邏輯思考及見多識廣是洞察力二大基礎

(四) 守護品牌的決心

各種規劃、各種活動、各種傳達均須與品牌精神與品牌定位一致性，不能模糊、不能衝突、不能不一致

二、品牌經理人的五大特質

1. 對品牌充滿熱情及生命
2. 工作能吃苦耐勞，經常忍受超時工作，具 7-11 精神
3. 頭腦靈活，懂得隨市場變化而變通
4. 源源不絕的創意
5. 不斷學習，追求深度及廣度成長

三、品牌經理人的四大考驗歷程

1. 要曾經主導企劃並執行過新品上市的活動及成功經驗
2. 要研擬過品牌長期的行銷策略（至少 3 年）
3. 要經常到通路及賣場上聽取店員、顧客及店老闆的意見
4. 面對競爭對手激烈挑戰，仍能屹立不搖

貳拾、行銷問題解決方法與步驟分析

一、解決行銷問題的簡單 3 段式手法：Q→A→R

Q ——→ A ——→ R

（Question）	（Action）	（Result）
·問題是什麼？ ·問題在哪裡？ ·為什麼會出現這些問題？	·行動方案是什麼？ ·會是有效的行動方案嗎？ ·行動方案的執行組織及執行人員能力如何？	·得到什麼結果？ ·問題是否已經得到改善？

二、有效行銷經營與管理的 6 段式手法：O→S→P→D→C→A

O ——→ S ——→ P ——→ D ——→ C ——→ A

Objective（目標）	Strategy（策略）	Plan（計畫）	Do（執行）	Check（考核）	Action（再行動）
·目標是什麼？ ·要如何有效達成目標？	·有效的策略是什麼？ ·策略方向是什麼？ ·為什麼是這個策略？ ·策略是一種抉擇，要做正確的抉擇 ·這個策略是可以執行做到的嗎？				

三、從「管理」看行銷問題解決

(一) 理論化

P	D	C	A
Plan （計畫）	Do （執行）	Check （考核）	Action （再行動）

(二) 實務化

有想法＋有方法 →	有執行力 →	有檢討力 →	再行動
・專業夠 ・常識夠 ・經驗夠 ・格局夠 ・視野夠 ・判斷正確 ・決策能力夠 ・能夠深思	・到第一線去 ・在現場看問題 ・細節中的細節 ・專業的人與組織 ・用心的態度 ・有企圖心 ・速度力	・勇於面對現實 ・事實是什麼 ・勇於改善、勇於革新 ・機動調整與改善 ・數據必要性 ・抓住關鍵點	・重新再出發 ・重新開啟執行力

四、行銷問題解決的六個步驟

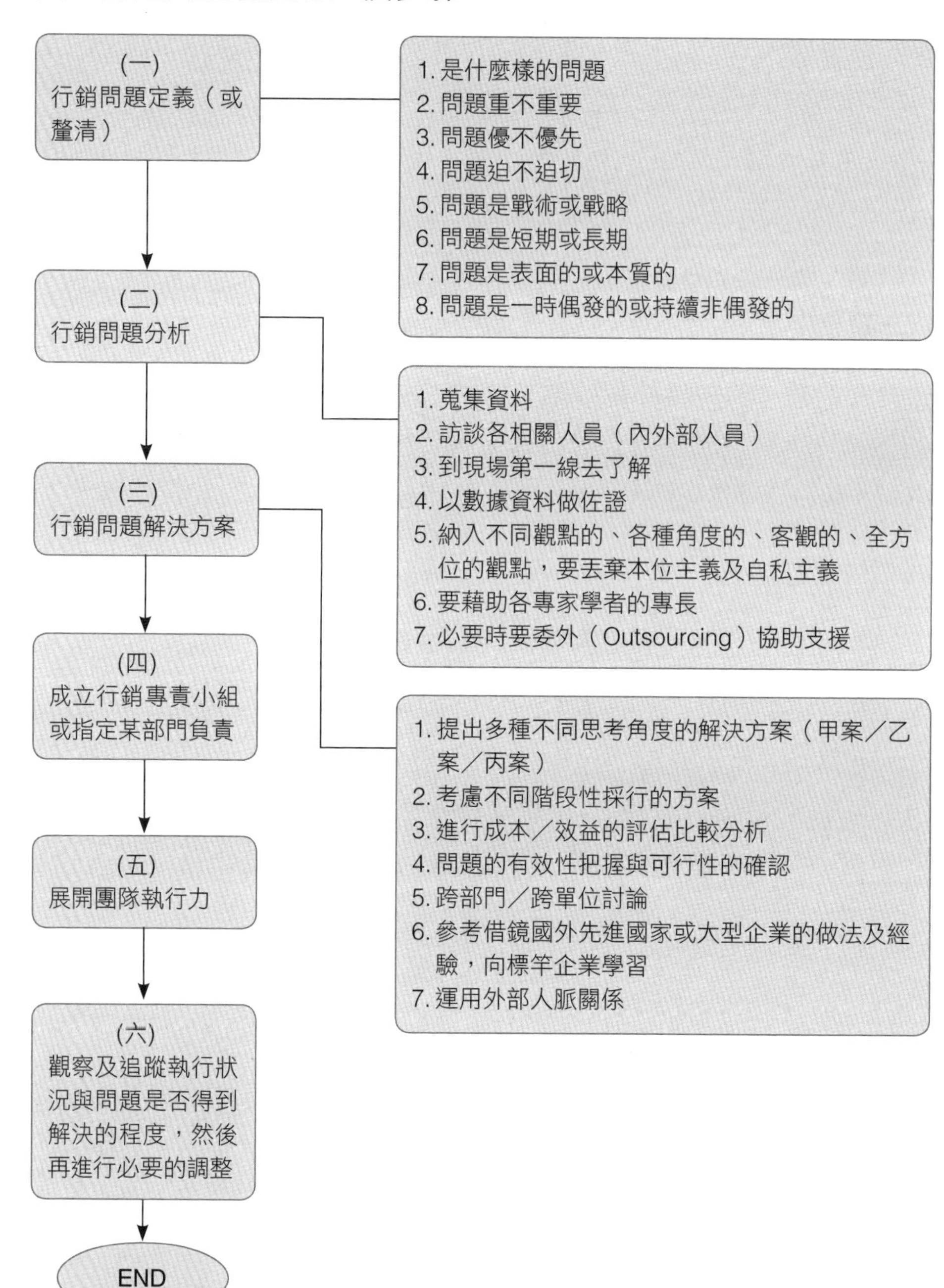

五、問題為什麼得不到解決？

六、追根究柢，探索問題是什麼

一定要很透澈、很本質的、正確的、不卸責的、毫不掩飾的、能反省自我的、非單一的、全方位的、各種面向等，追索問題才行。

例如：業績不佳，衰退 2 成，問題在哪裡？是太競爭？是景氣不佳？是內部領導？是人員素質？是組織文化？是產品競爭力不足？是制度僵硬？是政策方向失誤？是反應過慢？是因應對策不多？等。

七、從 6W/2H/1E 九項思考力看行銷問題

行銷問題解決的九項思考力

1. What：您到底要做什麼事？想達成什麼目標？想解決什麼問題？
2. Why：您為何要如此做？為何選這個方案？為何是這種分析觀點？是什麼原因造成的？
3. Who：誰去執行？負責的組織單位及人員是誰？夠不夠水準？是否帶得動人？
4. Where：在哪裡執行計畫？在哪裡解決問題？
5. Whom：對象目標是誰？
6. When：何時啟動？何時應完成？時程表分工如何？查核點（Check Point）何在？
7. How to do（How to get）：如何做？做法有何創新？有效嗎？可行嗎？方案有多個選擇嗎？有彈性備案嗎？風險度如何？成功率如何？
8. How much：預算多少？要花多少錢？要投入多少人力？損益預估又如何？
9. Effectiveness（Evaluation）：效益評估為何？有形效益何在？無形效益何在？

再一次提醒您，九項完整的行銷思考力

每天行事、寫報告、分析思考事情、指導部屬、督導專案、批示簽呈與看報告時，都一定要記住：

1. What（做什麼）。
2. Why（為何做）。
3. Who（誰來做）。
4. Where（在何處做）。
5. When（何時做）。
6. Whom（對誰做）。
7. How to do（如何做）。
8. How much（花多少錢做）。
9. Effectiveness（效益是什麼）。

貳拾壹、廣告企劃案的完整撰寫架構

一份完整的廣告企劃案，大致包括下列內容項目：

一、導言

1. 目的。
2. 有關客戶的指示。
3. 該案規模及範圍。

二、行銷市場背景分析

(一) 市場分析（Market Situation）

1. 市場規模（Market Size）。
2. 主要品牌占有率（Market Share of Major Brands）。
3. 價格（Price）分析。
4. 通路（Place）分析。
5. 商品生命週期（Product Life Cycle）分析。

(二) 競爭分析（Major Competitors）

1. 市場地位。
2. 產品特性。
3. 通路。
4. 價格。
5. 主要訴求對象。
6. 廣告的訴求、創意表現及選擇的媒體。
7. 行銷活動的策略及執行。

(三) 商品分析（Product Analysis）

1. 包裝規格、各包裝的銷售比與價格系統。
2. 商品特色、商品訴求點。
3. 上市日期（或推廣日期）及行銷區域。

(四) 消費者分析（Consumer Analysis）

1. 主要使用者和購買者是誰？總數量？
2. 消費者購買時受哪些因素影響？購買動機是什麼？
3. 消費者在什麼時候、什麼地點買賣？
4. 消費者對商品的要求條件是哪些？
5. 使用次數？使用量？
6. 多經由什麼管道來得知商品訊息？
7. 購買者和使用者是否為同樣的人？

三、定位：商品現況定位分析

1. 市場對象：什麼人買？什麼人用？
2. 廣告訴求對象：賣給什麼人？
3. 商品的印象、所塑造的個性及訴求重點。

四、問題點及機會點

1. 問題點。（有哪些地方，消費者還無法得到滿足？）
2. 機會點。

五、行銷建議

(一) 行銷目標（Marketing Object）

(二) 行銷策略（Marketing Strategy）

1. 定位（Positioning）。
2. 產品（Product）特性：品牌形象、包裝價格、市場趨勢、獨特銷售賣點（U.S.P.）。
3. 目標對象（Target）。
4. 行銷管道（Place）。
5. 銷售區域（Area）：地理、人口、都會、家庭。
6. 時間（Time）：行銷時機、民俗節慶、商品淡旺季。

六、廣告建議

1. 廣告目標（Advertising Objective）及廣告主張。
2. 訴求對象（Target Audience）：生活型態、價值觀。
3. 消費者利益（Consumer Benefit）（會帶來哪些好處）。
4. 支持點（Support Statement）及訴求點。
5. 氣氛、格調（Mood Tone）：廣告作品表現格調、視覺色調、聽覺、人物、背景。
6. 創意構想：理性面、感情面、產品功能、社會公益、企業形象。
7. 創意執行。
8. 廣告文案及廣告 Slogan。

七、媒體計畫

1. 媒體目標。
2. 實施期間。
3. 媒體戰略與媒體組合、媒體占比。
4. 媒體預算的分配。
5. 媒體播放時間表（Media Schedule）。

八、促銷活動建議搭配

1. 活動目的。
2. 活動策略。
3. 執行方案。
4. 活動時間表。

九、工作進度總表／總預算經費明細表

廣告企劃案的撰寫並無一定格式，應視個案需要而定，以上為不可或缺之項目。

貳拾貳、電視媒體企劃與購買之綜述

一、何謂 GRP？GRP 多少才適當

1. GRP = Gross Rating Point
 = 總收視點數
 = 收視率之總和 = 總曝光度 = 總廣告聲量
2. GRP 即此波電視廣告播出之後的收視率之總和或總收視點數之和的意思。
3. 例如，某波電視廣告播出 300 次，每次均在高收視率 1.0 的節目播出廣告，故此波電視廣告之 GRP 即為 300 次×1.0 收視率 = 300 個 GRP 點數。
4. 又如，若在收視率 0.5 的節目播出 300 次，則 GRP 僅為 150 個（300 次×0.5 = 150 個）。
5. 再如，若想達成 GRP 300 個，均在低收視率 0.2 的節目播出廣告，則總計可以播出 1,500 次之多，才可以達成 GRP 300 個（GRP = 1,500 次×0.2 = 300 個）（1,500 次播出廣告，其廣告聲量已相當足夠）。
6. 總結，GRP 愈高，則代表總收視點數愈高，此波電視廣告被目標消費族群看到或看過的機會及比例也就愈大，甚至看過好多次。
7. 一般來說，每一波二週 14 天播出電視廣告的 GRP 大概平均在 300 個左右，就算適當可以了，此時，這一波的電視廣告預算大約在 500 萬元左右。此即代表平均 75% 的 TA 看過此支廣告片，且平均看過 4 次。（即 75×4 = 300）。
8. GRP 300 個，若在 0.3 收視率的節目，可以播出 1,000 次（檔）電視廣告的量，1,000 次廣告播出量應算是不少了，曝光度應該也夠了。
9. 每一波電視廣告 GRP 達成數只要適當即可，若太多了，可能只是浪費廣告預算而已。

二、何為 CPRP？CPRP 金額應該多少

1. CPRP = Cost Per Rating Point 即每一個收視率 1.0 之廣告成本，每 10 秒計算。簡化來說，即每收視點數之成本。
2. CPRP（每 10 秒），即指電視廣告的收費價格。
3. 目前，大部分電視臺均採用 CPRP（每 10 秒）保證收視率價格法；也就是廠商有一筆預算要播在電視廣告上，則會保證播出後，依各節目收視率狀況，保證播到 GRP 總點數達成的原訂目標值。
4. 目前各電視臺的 CPRP 價格，大致在每 10 秒 1,000 元～7,000 元之間。這意思也就是每在收視率 1.0 的節目播出一次，即要收費 1,000 元～7,000 元不等。若是電視廣告片（TVCF）是 30 秒的，則要再乘上 3 倍。
5. 究竟 CPRP（每 10 秒）多少價格，主要看二個條件：
   一是頻道屬性。例如：新聞臺及綜合臺收視率較高，故 CPRP 收費就會較高，每 10 秒大約在 4,500 元～7,000 元之間。這是因為新聞臺及綜合臺的收視率較高之所致。其他，像兒童卡通臺、新知臺、體育臺、日本臺則 CPRP 就較低，約在 1,000 元～3,000 元左右。若是國片臺、洋片臺、戲劇臺等，則介於這二者之間，即 4,000 元～5,000 元之間。
   二是淡旺季。例如：電視臺廣告旺季時，電視臺廣告業務部門就會拉高 CPRP 價格；反之，若廣告淡季時，CPRP 價格就會降低。因為旺季時，大家搶著上廣告，淡季時，空檔就很多。
   電視臺廣告旺季約在每年夏季（6 月、7 月、8 月）及冬季（11 月、12 月、1 月）；而淡季則在每年春季（3 月、4 月）及秋季（9 月、10 月）。不過，近年來，廣告淡旺季因素已減少了，主要仍是看頻道收視率高低而定了。
6. 廠商（廣告主）通常都希望電視廣告價格可以下降，其意指 CPRP 的報價能夠下降，例如旺季時，CPRP（每 10 秒）從 7,000 元降到 6,000 元，則廠商的電視廣告支出就可以節省些。

三、電視廣告行銷預算應該多少

1. 一般來說，打一波二個星期 14 天的電視廣告，所花的行銷預算大約 500 萬元左右。若一年有 3,000 萬元預算，則可以按需要分開打 6 波廣告。
2. 一般來說，電視廣告要有聲量，一年度至少應準備 3,000 萬元預算以上才行，這是至少的額度。一般是 3,000 萬元～1 億元之間。
3. 至於打多少預算，則要看各行業的狀況及競爭對手的狀況而定，沒有一定的標準金額。
4. 但是，國內一些知名的領導品牌，像 P&G、聯合利華、花王、7-11、統一企業、桂格、TOYOTA、Panasonic、麥當勞、好來牙膏、三得利、統一超商、全聯、普拿疼……等，每年度的電視廣告預算，大致均花費 1 億元～4 億元之間，這些公司都是持續性、長期性的投資品牌。

四、電視廣告計價的 2 種方式

1. 電視廣告的計價方式，主要有二種：
   一是 CPRP 法，即保證收視率價格法；此為最常見的，占 90% 之多。
   二是檔購法（Spot Buy）；即可以指定專門在收視率較高的節目時段播出，例如八點檔連續劇，但價格會較貴些，占 10% 而已。
2. 一般來說，CPRP 計價法是較常見的；而檔購法比較少見，但也有搭配檔購法的，其主要目的是為了保證在高收視率的節目裡，可以看到廣告播出。但檔購法價格比 CPRP 法貴一些。

五、電視廣告要求播出時段占比

1. 依收視率來看，逢週五、週六、週日的收視率是較高的；另外，晚上（6:00～10:00）黃金時間及中午（12:00～13:00）的收視率，則比早上及下午時段的收視率要高。因此，通常廣告主會要求在這些主力黃金時段播出的廣告量，至少要占 70%，以確保更多的目標族群看到廣告播

出。（註：晚上 PT 黃金時段稱為 Prime Time）

六、看過廣告的人占比及看過多少次

1. CPRP 價格法，亦會計算出在此波廣告 GRP 達成狀況下，您的目標消費群會有多少比例的人看過此廣告，以及平均會看過幾次。
2. 一般來說，大概在目標消費群中會有 70%～80% 的人會看過此支廣告，而且平均看過 4 次以上。（註：GRP = Reach×Frequence = 觸及率×頻次）

七、每小時廣告可以播多少

依據廣電法規規定，目前電視每一小時可以有 10 分鐘播出廣告，即占比為 6 分之一。通常，晚上時段會足夠 10 分鐘廣告量，白天早上及下午的廣告量會不足，故電視臺會播出一些節目預告帶子以填補時間。

八、收視率是如何來的

1. 電視收視率是美商尼爾森公司（Nielsen）在臺灣找到 2,200 個家庭，與他們家庭協調好，在家中裝上尼爾森公司一種收視率計算盒子，只要開啟電視，即會開始統計收視率。
2. 當然，這 2,200 個家庭分布也是考量全臺灣的不同收入別、不同職業別、男女別、不同年齡層別而合理化裝置的。

九、收視率 1.0 代表多少人收看

1. 收視率 1.0，代表全臺灣同時約有 20 萬人在收看此節目。
2. 計算依據是：
   - $\frac{1}{100}$：代表 1.0 收視率
   - 2,000 萬人口：代表全臺灣扣除小孩子（嬰兒）以外的總人口。
   - 故 $\frac{1}{100}\times 2{,}000$ 萬人 = 20 萬人

十、電視頻道的屬性類別

1. 目前電視的頻道類型，主要有下列幾種：
   (1) 新聞臺；(2) 綜合臺；(3) 戲劇臺；(4) 國片臺；(5) 洋片臺；(6) 日片臺；(7) 運動臺；(8) 新知臺；(9) 卡通兒童臺。
2. 其中，以新聞臺及綜合臺為較高收視率的前 2 名，其廣告量也較多，CPRP 的價格也較高，大致每 10 秒在 4,500 元～7,000 元之間。（註：新聞臺 CPRP 價格較高，約 5,000 元～7,000 元；綜合臺次之，約 4,000 元～5,000 元之間。）
3. 新聞臺的收看人口屬性，以男性、年齡大一些居多。而有連續劇及綜藝節目的綜合臺，則以女性人口略多些，年齡較年輕些。
4. 根據預估，新聞臺（有 8 個頻道）及綜合臺（有 15 個頻道），這二大類頻道的廣告量，即占全部的 70%～80% 之多，故是最主流的頻道類型。

十一、有線電視頻道家族

1. 目前，國內主要的有線電視頻道家族，包括：
   (1) TVBS；(2) 東森；(3) 三立；(4) 中天；(5) 八大；(6) 緯來；(7) 福斯（FOX）；(8) 民視；(9) 非凡；(10) 年代。
2. 若以年度廣告總營收來看，三立、東森、TVBS 及民視，依序居前四名。三立廣告年收入為 35 億、東森為 33 億、TVBS 為 25 億、民視為 17 億、緯來為 12 億、年代及福斯各為 10 億、八大為7億、中天及非凡各為 5 億。

十二、TVCF 廣告片秒數多少

1. 電視廣告片（TVCF）是以 5 秒為一個單位的，但一般來說 TVCF 的秒數，平均是 20 秒及 30 秒居多；10 秒及 40 秒的也有，不過少一些。
2. 由於 TVCF 是依 CPRP 每 10 秒計價，因此，秒數愈多就愈貴；考量價格及閱聽人的收看習性，TVCF 仍以 20 秒及 30 秒最為適當。

十三、電視廣告的效益為何

1. 一般來說，電視廣告播出後，主要的廣度效益仍是在「品牌影響力」上。包括：品牌知名度、品牌認同度、品牌喜愛度、品牌忠誠度等提高及維繫。
2. 其次的效益，則是對「業績」的提升，也有可能帶來一部分的效益，但不是絕對的。
3. 因為業績的提升是涉及產品力、定價力、通路力、促銷推廣力、服務力、以及競爭對手與外在景氣環境等多重因素，絕不可能一播出廣告，業績馬上就提升的。
4. 但如果長期都不投資電視廣告，則品牌力及業績都可能會逐漸衰退。
5. 電視收視戶數全臺約 500 萬戶，每天晚上開機率為 90%。

十四、電視廣告代言人效益

1. 一般來說，如果電視廣告搭配正確的代言人，通常廣告效益會提高不少。
2. 因此，如果廠商行銷預算夠的話，最好能搭配正確的代言人為佳。
3. 目前，較受歡迎且較有效益的代言人有：

   (1) 蔡依林；(2) 周杰倫；(3) 楊丞琳；(4) 林依晨；(5) 金城武；(6) 戴資穎；(7) 林心如；(8) 田馥甄；(9) 曾之喬；(10) 徐若瑄；(11) 桂綸鎂；(12) 張鈞甯；(13) 蕭敬騰；(14) 盧廣仲；(15) 吳慷仁；(16) 郭富城；(17) 吳姍儒；(18) 白冰冰；(19) 陳美鳳；(20) 吳念真；(21) 五月天（阿信）；(22) Selina；(23) Ella；(24) Janet；(25) 其他藝人。

貳拾參、網路廣告企劃

一、網路廣告（數位廣告）重要性

近十年來，網路廣告投放量有快速成長的趨勢，每年投放量大致已達到 200 億元之多，幾與電視廣告每年投放量相當，兩者已並列為國內最大廣告媒體，並成為國內廣告主必要的廣宣投放媒體之一。

二、網路廣告的呈現型態（類別）

網路廣告的呈現型態，主要有六種名稱，如下：

1. 展示型（ 橫幅）廣告：即圖片＋文字的廣告呈現。
2. 影音、影片廣告。
3. 關鍵字廣告。
4. 內容（文字型）廣告。
5. E-DM（E-mail） 廣告。
6. 行動廣告（手機上呈現廣告）。

三、網路廣告的專業名詞

有關網路廣告的專業名詞，比傳統媒體廣告更為複雜一些，主要必須認識下列 16 項：

1. Visit：造訪。
2. UV：Unique Visitor，即每天不重覆的造訪者。
3. Impression：廣告曝光數。
4. Click：點選、點擊數。
5. CTR：Click Through Rate，點擊率、點選率。
6. Traffic：流量。
7. UU：Unique User，即每天不重覆的使用者。
8. PV：Page View，每天網頁瀏覽總數、每天網路流量。

9. CPM：Cost Per Mille，每千人曝光成本計價。

EX：若每個 CPM 為 200元，某廣告要 100 萬人曝光看過，則廣告成本花費要：200 元×1,000 個 CPM = 20 萬元預算。若要 50 萬人曝光看過，則要花費 200 元×500 個 CPM = 10 萬元預算支出。

10. CPC：Cost Per Click，即每一個點擊廣告畫面之成本計價。

EX：若每個 CPC = 10 元，想要有 10 萬個點擊量，則須支付：10 元×100,000 個點擊 = 100 萬元預算支出。

11. CPV：Cost Per View，即每一個觀看之成本計價。

EX：若每個 CPV = 2 元，想要有 50 萬個觀看數，則須支付：2 元×50 萬個觀看 = 100 萬元預算支出。

12. CPA：Cost Per Action，即每個採取有效行動之成本計價。

13. CPS：Cost Per Sales，即每個銷售達成之成本計價。

EX：若每個 CPS = 1,000 元，想要有 1,000 個銷售訂單，則須支付：1,000 元×1,000 個訂單 = 100 萬元預算支出。

14. CPL：Cost Per Load，即每筆名單取得之成本計價。

EX：若每個 CPL = 100 元，想要有 1,000 個名單，則須支付：100 元×1,000 個名單 = 10 萬元預算支出。

15. CVR（CR）：Conversion Rate，轉換率。

EX：若點擊率有 100 萬個，但成交訂單僅 1 萬個，則此轉換率為：1 萬個÷100 萬個 = 1%。

16. ROI/ROAS：Return On Investment; Return On Advertising Spending，即廣告投資報酬率。

EX：$\frac{\text{得到 500 萬元業績}}{\text{投入100 萬元廣告費}} = \frac{\text{500 萬元}}{\text{100 萬元}}$ = 5 倍報酬率（算是不錯的）。

四、網路廣告實務價格

根據企業實務界人士提供的資料顯示，目前，各種網路廣告的價格如下：

1. **FB/IG 廣告**：採 CPM 曝光計價居多些，每個 CPM 廣告價格，約在 100 元～300 元之間。
2. **Google 聯播網廣告**：採 CPC 點擊計價居多些，每個 CPC 廣告價格，約在 8 元～10 元之間。
3. **YT（YouTube）廣告**：採 CPV 觀看數計價居多些，每個 CPV 價格在 1 元～2 元之間。
4. **ETtoday、udn 聯合新聞網、中時電子報廣告**：採 CPM 曝光計價居多些，每個 CPM 價格，視不同版位，價格在 100 元～400 元之間。
5. **OTT 廣告**：採 CPM 計價，每個 CPM 在 300 元～400 元之間。
6. **Google 關鍵字廣告**：採 CPC 點擊付費，每個 CPC 要價在 8 元～20 元之間。

五、網路廣告投入多少預算

依據實務界人士提供的資料顯示，企業界每個品牌在網路廣告投入的總金額，大約在每年度營收額的 0.1%～2% 之間，實例如下：

1. **林鳳營鮮奶**：年營收 30 億×0.5% = 1,500 萬元網路廣告支出。
2. **麥當勞**：150 億×1% = 1.5 億元網路廣告。
3. **茶裏王飲料**：20 億×0.5% = 1,000 萬元網路廣告。
4. **純濃燕麥**：10 億×2% = 2,000 萬元網路廣告。
5. **和泰（TOYOTA）汽車**：1,000 億×0.1% = 1 億元網路廣告。
6. **Panasonic 家電**：250 億×0.2% = 5,000 萬元網路廣告。

六、網路廣告投放在哪些主力網路媒體上

一年 200 億元以上的網路廣告，據實務界人士表示，大約 90% 投放在下列主力網路媒體上，依其重要性，排序如下：（第 1 項～第 5 項廣告量最多，占全部數位廣告量的 80% 之多）

1. FB（Facebook）（臉書）
2. IG（Instagram）

3. YT（YouTube）
4. Google 聯播網（平臺）
5. Google 關鍵字
6. LINE 官方帳號
7. 新聞網站（ETtoday、udn 聯合新聞網、中時電子報、雅虎新聞、蘋果新聞網）
8. 雅虎奇摩入口網站
9. Dcard、痞客邦
10. 其他內容網站（例如：iCook 愛料理、Mobile01、FashionGuide、巴哈姆特遊戲網站、商周、天下、康健……等專業內容網站）。

七、網路廣告金額分配

依某品牌企業界人士提供資料顯示，該品牌每年度有 1,200 萬元網路廣告預算，其網路媒體組合如下：

- FB 廣告：400 萬
- YT 廣告：200 萬
- Google 聯播網：200 萬
- 新聞網站：100 萬
- LINE 廣告：100 萬
- 網紅操作：200 萬

合計：1,200 萬元網路預算

八、網路廣告成效（效果）評估有哪些指標

各品牌投放在網路廣告上，其評估的成效（效益）指標，主要有六項，如下：

1. 曝光數如何。
2. 點閱率（點擊數）、觀看數如何。
3. 轉換率（CR）如何。

4. 提升品牌力如何。
5. 提高業績力如何。
6. 維持市占率如何。
   (1) 提升品牌力，係指是否可以提高此品牌的印象度、形象度、好感度、知名度、信賴度、忠誠度及黏著度。
   (2) 提升業績力，係指與過去沒做網路廣告時，年度業績額是否有所成長？成長率大約多少？成長金額大約多少？
   (3) 維持市占率，係指網路廣告投放量，是否可以維持住市場前三名占有率？

九、如何成功投放網路廣告？注意十要點

那麼，究竟要如何做？才能成功做好網路廣告的投放呢？主要要注意下列十要點，如下：

1. 要確認此次廣告的目標及目的。
2. 要確認此次廣告的 TA 對象、是要給誰看的。
3. 要確認是否有足夠的預算？足夠的曝光量？
4. 要選擇出適當的、對的、有效的網路媒體、組合（Media-Mix）有哪些？
5. 最好要有整套行銷計畫，網路廣告只是其中一環而已，不是全部。
6. 要思考產品是否有足夠的市場競爭力，產品力是否夠強。
7. 網路廣告的呈現，要確定能夠吸引 TA 去看。包括：圖片、文字、標題、色彩、影片等，均要有足夠吸睛目光。
8. 最好要有促銷、優惠、折扣的活動搭配，形成一個促銷型網路廣告，不要都只是純廣告曝光而已。
9. 網路廣告要連結可以下訂單功能，以利業績提升。
10. 一定要不斷檢討網路廣告活動的成效狀況，以及機動優化與調整網路廣告的整體策略、布局及呈現。不斷追求網路廣告的精益求精，好，還要更好。

十、透過哪些專業單位投放網路廣告

主要可以透過下列二種專業單位，協助投放網路廣告，包括：

1. **大型媒體代理商**：過去，大型媒體代理商主要以協助廣告主做電視、報紙、雜誌、廣播、戶外等傳統媒體的媒體廣告投放；但近年來，這些大型媒體代理商也擴充到網路廣告投放的專業協助了，包括有：
凱絡、貝立德、媒體庫、傳立、奇宏、浩騰、星傳、宏將、實力……等大型媒體代理商。（註：他們大概收取 5%～8% 之服務費。）
2. **數位行銷代理商**：此外，亦可以透過專門做網路廣告及數位行銷活動的代理商協助。

十一、傳統與網路廣告投放預算的占比變化

前述講過了，近十年來，傳統媒體廣告量大幅衰退、下滑，而網路（數位）媒體廣告量卻大幅上升，取代了傳統媒體廣告量。這二種廣告量占比，有如下顯著變化：

	傳統廣告量	VS.	網路廣告量
（過去）	7	：	3
	6	：	4
（現在）	5	：	5
	4	：	6
	（占比下降）		（占比上升）

十二、小結：須整體努力、整體提升市場競爭力，才有助業績成長

雖然，網路廣告成長快速，亦扮演若干重要角色，但它不是對業績及品牌力提升的唯一角色操作。根據企業實務界人士的意見，歸納出要對品牌力及業績力不斷提升，一定要從整體觀點去努力及加強市場競爭力才

行。亦即，企業要行銷致勝、要業績成長，一定要同時、同步做好下列 4P/1S/1B/2C 八件事情：

1. 要做好產品力（Product）。
2. 要做好定價力（Price）。
3. 要做好通路力（Place）。
4. 要做好推廣力（Promotion）。
5. 要做好服務力（Service）。
6. 要做好品牌力（Brand）。
7. 要做好 CSR（企業社會責任力）。
8. 要做好 CRM（顧客關係管理力／會員經營力）。

貳拾肆、〈結語 1〉優秀行銷企劃人員必須具備的 14 項能力

根據作者本人過去二十多年在企業界歷練過的經驗，加上詢問十多位企業界各行各業行銷經理人的工作經驗與心得，結論出要成為一位優秀且成功的行銷企劃人員或行銷企劃主管，必須具備下列所述的 14 項實戰能力，如下：

一、具備泛行銷學基本知識能力

行企人員第一個基本能力，當然就是要有「泛行銷」的基本知識能力。這包括：行銷學、品牌學、廣告學、公關學、產品學、定價學、通路學、整合行銷傳播學、媒體學、市調學、數位行銷學等，至少 11 個基本知識；有了這些「泛行銷」的基本知識時，您才可以有面對工作必須做決策或撰寫報告的應有知識與常識，因此，肚子裡面必須有些東西才行。

二、與營業部同仁、長官具有良好的配合能力

有些公司的組織編制，行企人員及營業人員是分開的，其營業部也擔負著每個月業績達成的使命職責，因此營業部的權力仍是很大的。而此時的行企部（或行銷部）則是扮演著如何有效協助營業部達成業績目標的工作了。再者，行企部也經常必須花費各種廣告宣傳費用，金額也不小，必須把錢花在刀口上，讓業務人員了解並認同，而不要在背後說行企部不好聽或批評的話。

因此，行企部人員平常就必須與營業部人員及其主管，建立起良好的互動關係及配合能力，一起讓兩個部門齊心合作，努力達成最終的業績目標。

三、與外部協力專業公司有良好的溝通能力

行企人員也有不少事情必須仰賴外部專業的協力公司，幫他們做一些專業的行銷工作，因此，行企人員必須保持與他們良好的溝通能力才行。這些

專業協力公司包括：

1. 廣告公司。
2. 公關公司。
3. 媒體代理商。
4. 活動公司。
5. 數位行銷公司。
6. 網紅經紀公司。
7. 通路陳列公司。
8. 市調公司。
9. 設計公司。
10. 影視製作公司。

行企人員必須找到上述各類專業公司中的佼佼者，才能奉獻他們的智慧與專業給行企部人員，如此，才能讓行企人員做好應有的工作。

四、對各種營運及市場數字具有敏感能力及分析能力

有些行企人員缺乏數字、數據觀念及知覺，這些都是不合格的行企人員。優良的行企人員絕對必須具備敏感的數字、數據知覺能力及分析能力，然後提出看法及對策，這就是企業管理上「數字管理」的重要性。

只要企業存在一天、營運一天，就會有一天的數字產生，而數字的結果就代表了這家公司、這個品牌、這個產品、這個服務的績效好壞的反應了。在「績效導向」的最高原則下，行企人員當然對整個產業、整個市場、整個營運面向的各種數字、各種消長百分比、各種變化、各種趨勢的數據，都必須做好掌握、並且深入分析、再加上判斷，以做出因應對策出來；這樣才是優良的行企人員。

五、關注及洞察國內外外部大環境變化與趨勢的能力

行企人員的工作，必然與外部大環境的變化及趨勢，產生聯結。例如，在 2020～2022 年全球新冠疫情期間，不少洗衣精品牌就推出了能夠「抗

菌」、「抗病毒」的新功能洗衣精，賣得很不錯，這就是面對疫情大環境下的成功應對策略。

外部大環境的變化項目，包括有：科技、人口少、老年化、疫情、經濟、所得、物價、通膨、法令、社會、環保、企業社會責任……等環境變化與趨勢。

行企人員必須關注、洞悉及思考有哪些環境產生的巨大變化，這些變化及趨勢，對本公司及市場、產品的影響又會如何？以及我們的快速因應對策又該如何？這些都是行企人員在工作上必須面對及提出來的。

六、建立豐沛人脈存摺的能力

行企人員的工作範圍，有時候很廣泛，因此，必須建立很豐沛的人脈存摺，才能查詢到相關的市場資訊情報，也才能完整的寫出一份非常棒的行企方案。這些豐沛人脈，可包括：

1. 同業人脈及競爭對手那邊的人脈也要建立。
2. 媒體記者（電視臺、報社、雜誌社、網路新聞等記者）。
3. 外面專業協力公司（廣告公司、媒體代理商、公關公司、數位行銷公司、陳列公司……等）。
4. 外界專家、學者。
5. 產業界上、中、下游人脈也要建立。
6. 跨業、跨界人脈。

行企人員不能成為只會坐在辦公室裡面的「井底之蛙」，不能只是會寫紙上書面報告，而必須走出去，去看看外面現實環境，並結交更多人脈存摺。

七、要有能看懂公司每月損益表數字的能力

每月損益表是每個公司每個月到底有沒有賺錢的財務報表之一，也是每個公司老闆、董事長、總經理他們必然會關注的報表。

有些公司比較開放，只要是中、高階主管及必要人員，每個月都會看到

公司的損益表或是各品牌別、各產品別、各分公司別、各分館別的損益表；然後才知道哪些單位有賺錢或有虧錢。

重要的行企主管應該也會看到每月的損益表，從損益表中就可以大方向的知道公司為何能賺錢？賺多少錢？有沒有達到預算目標值？或是可以知道哪些品牌／產品是賺錢或虧錢的？虧錢的品牌及產品將來的改善措施又將如何？

八、具備行銷創意發想能力

在行銷營運上，仍有行企人員可以發揮好創意的地方；例如，電視廣告片該如何呈現較好？網紅 KOL 行銷該找哪位較好？新年度的代言人要找哪位藝人較適當？新年度的 Slogan（廣告金句）該如何？新年度的傳播主軸該如何？官方粉絲專頁經營有何想法？新年度產品開發方向在哪裡？辦一場戶外體驗活動或快閃店該如何辦才會吸引人來？

以上這些不一定要仰賴外面專業協力公司的提案內容，自己也可以有更好、更具創意的想法才行。

九、經驗累積與直觀能力

做了多年的行企工作，當然也累積了不少的工作經驗，這些成功與失敗的經驗，都是很寶貴的，一旦經驗多了，一種直覺式的「直觀能力」就會形成。因此，行企人員從 20 多歲年輕時候開始起，就應該努力多做事，不要怕辛苦，不要怕過勞，多做一件事，就多累積一個好的經驗產生，如此累積下來，就成為寶貴的「直觀能力」了，也是一種能夠快速正確判斷、快速正確下決策的能力了。

只要付出一分努力，就必然有一分的收穫！

十、具有快速應變能力

行企人員面對外部環境的激烈競爭與巨大變化，必須要有快速應變能力。

凡事，絕對不要拖延、不要討論太久、不要觀察太久、不要久久不下決策；一定要快速應變，先做了再說；要邊做、邊修、邊改、邊調整，就會逐步往正確及 100 分的方向走。

就行銷策略、行銷企劃、行銷做法、行銷戰術而言，沒有絕對的 100 分，不必等到 100 分了才做，那時，商機已過去了，競爭對手已超前做了，此時，就會後悔莫及了。

十一、具有跨部門協調能力

行企人員在組織內部工作，不是只有單一部門就能完成事情，很多事情仍必須仰賴組織內其他部門的同事支援協助才能完成的。這些內部單位包括：

1. 研發部。
2. 商品開發部。
3. 業務部（門市部）。
4. 製造部。
5. 品管部。
6. 採購部。
7. 設計部。
8. 會計（財務）部。
9. 法務部。
10. 總務部。
11. 人資部。
12. 物流倉儲部。

因此，行企人員必須以謙卑、有禮的態度，請求上述各單位同仁的支援幫助，才能完成事情。

十二、具備求新、求變、求快、求更好的能力

企業經營或企業做行銷，不能忘記的成功九字訣，即是：

「求新！求變！求快！求更好！」

1. **求新**：追求創新！更新！新奇！新穎！新鮮！除舊布新！
2. **求變**：追求改變！變革！變化！不能一成不變！不能守舊不變！不能抗拒變革、改革！
3. **求快**：天下武功，唯快不破！凡事不能等待太久！不能討論太久！不能紙上作文比賽！唯有快，才能跟上時機、商機！
4. **求更好**：企業營運，在任何領域、任何工作上，都有追求更好的空間存在，不能滿足於現狀！

十三、有永遠以顧客為核心的能力

行銷致勝成功，必須永遠以「顧客」為核心、為中心點，並且領先顧客幾步路；凡事都為了顧客的需求、顧客的期待、顧客更美好的生活而努力做好行銷企劃工作。另外，企業也絕不能為了省成本（Cost Down）、省費用，而忽略掉顧客的需求及觀點。

所以，行企人員在做行銷企劃工作時，千萬要記住，行企工作的第一條守則，即是：「顧客！顧客！還是顧客！」

十四、養成終身學習、不斷進步的好習慣能力

行企人員只要工作一天，就要每天學習、每天進步，從中學、學中做，不斷學習、永不停止的學習。唯有永遠學習，才能永遠做好行企工作，也才能永遠跟上顧客的腳步，超越顧客、領先顧客、滿足顧客、滿意顧客。

優秀行銷企劃人員，必須具備的 14 項能力

1. 具備泛行銷學基本知識能力！
2. 與營業部同仁、長官具有良好的配合能力！
3. 與外部協力專業公司有良好的溝通能力！
4. 對各種營運及市場數字具有敏感能力及分析能力！
5. 關注及洞察國內外外部大環境變化與趨勢的能力！
6. 建立豐沛人脈存摺的能力！
7. 要有能看懂公司每月損益表數字的能力！
8. 具備行銷創意發想能力！
9. 經驗累積與直觀能力！
10. 具有快速應變能力！
11. 具有跨部門協調能力！
12. 具備求新、求變、求快、求更好的能力！
13. 有永遠以顧客為核心的能力！
14. 養成終身學習、不斷進步的好習慣能力！

貳拾伍、〈結語 2〉成功行銷企劃案撰寫的十大黃金守則

成功的行銷企劃案撰寫，必須遵守下列十大黃金守則：

〈守則 1〉完整性守則

任何企劃案第一個守則就是：必須思考到「完整性守則」，此即，企劃案報告中必須思考的非常完整，各個面向及觀點都必須思考到，不應有任何缺漏或遺漏，否則被老闆或長官看出來，就會挨罵；因此，行企人員的思考力、分析力及邏輯力，必須具有非常的全面性及完整性。當您寫完一份大型企劃案時，最後必須再回頭看一遍、再全面思考一遍，看看是否有漏掉什麼。

〈守則 2〉6W/2H/1E 九項思考守則

任何行企案的架構及項目，總是脫離不了 6W/2H/1E 的九項重要思考要點與守則。關於 6W/2H/1E 的九項思考要點，在前面幾節內容中，已有很多的描述，此處就不再重覆說明了。只是，再簡要提出如下：

1. What：何種目標？目的？任務？要去達成，應該明白列出來。
2. Why：為何要做此案？有何原因？有何目的？為何有如此做法？為何有如此方案？為何要如此選擇？一定要思考清楚。
3. Who：誰去做？哪個人／哪個單位要負責？他／他們是最適當的執行者嗎？他們可以完成此計畫嗎？為何是他們？還有沒有更好、更強的人或單位？
4. Whom：對象是誰？此企劃案的目標對象、目標顧客群是哪些人？為什麼是他們？
5. When：此計畫案何時啟動？何時完成？查核點在何時？多久時間？
6. Where：此計畫案在哪裡、哪些地方、哪些分店執行？為什麼要在那裡？

7. How to do：此計畫案做法為何？方案細節為何？為何做法如此？此做法是最有效果的嗎？為何沒有其他方案呢？
8. How much：此計畫案要花多少經費／預算呢？明細費用有哪些？這些費用花得合理嗎？
9. Effectiveness：此計畫案的效益預期是什麼？有沒有列出來？這些效益真的可以如期、如實達成嗎？效益跟成本投入相比較又如何？

〈守則 3〉具備可行性及效益性守則

任何行企案的第 3 個守則，就是這些方案，基本上，必須具備「可行性」及「效益性」的檢驗才可以。

如果經過討論及分析，證明此企劃案不具「可行性」，那麼就要立刻中止此提案了，不要浪費大家的時間及公司的金錢。

另外，行企案內容講到最後，必須提出「效益預估」說明及分析，必須證明真的能夠產生具體效益、效果，才能通過去執行。

〈守則 4〉具備創新與創意守則

任何行企方案，絕不能太老套、不能太守舊、不能太傳統，一定要有「創新性」的亮點才可以，以及具有「創意」的呈現，如此，行企方案才會帶來成功的執行效果。因此，成功的行企人員必須具備創新的頭腦、創新的思維及創意的呈現，如此，才能打破傳統、打破框框、幫助公司、幫助品牌，得到更大的進步及成效。

〈守則 5〉具備數字守則

一些年輕的行企人員，有時候難免會天馬行空想很多東西，但最後，此報告竟然沒有一個數字／數據呈現，這也是犯了很大錯誤。我以前工作時，看過很多位老闆或高階長官，都非常重視數字的呈現，如果沒有數字的報告，他們都退回不再討論了，以免浪費老闆時間。

所以，任何行企案，絕對不要全部是文字、圖片，但卻一個數字也沒有。切記！切記！

以前，我看過一個老闆，在聽廣告提案時，聽到最後，連一個負責任的數字也沒有，就當場說：「散會！不開了！」

〈守則 6〉掌握外部環境的變化及趨勢守則

行企人員的第 6 個守則，就是一定要能夠快速且精準的掌握任何外部環境的任何變化及任何趨勢，然後，提出相對應的行企方案／計畫出來，結果使公司業績及獲利都顯著成長，而受到老闆獎賞及升官。

行企人員每天、每週、每個月、每一季、每半年、每年，一定要高度關注及蒐集很多外部環境的各種變化、各種趨勢、及各種走向，而能快速且及時的提出分析報告及因應對策建議，才是一位成功的行企人員。

〈守則 7〉強大執行力守則

行企人員的第 7 個守則，就是要重視強大執行力守則。行企人員不能只是很會寫企劃案的紙上作業而已，而更是要重視如何把企劃案加以落實及成功實現它。

會寫企劃案，不是最重要的，最重要的是要把企劃案的內容實現出來、呈現出來，對公司也才會帶來好的成效。

〈守則 8〉落實第一線現場力守則

行企人員的第 8 個守則，就是必須經常性親臨第一線去觀察、去了解、去詢問，如此，才能寫出好的行企方案。這些第一線現場，包括了：各種零售大賣場、零售超市、零售便利店、直營門市、加盟店、經銷店、專賣店、百貨公司專櫃等。

行企人員有了第一線現場的資訊後，才能寫出更貼近現實的行銷企劃案出來。此外，行企人員也必須經常與第一線現場人員，包括店長、店員、櫃長、櫃員等現場人員保持經常性的聯絡、詢問及請教。

〈守則 9〉快速應變守則

行企人員的第 9 個守則，就是要擁有「快速應變」的精神與行動力，一切均以：快！快！快！為最高原則。行銷與市場是變化多端與快速變化的；行企人員必須隨時掌握及洞悉這些變化、改變、趨勢與方向，而快速的訂出應對策略及行銷方案出來，趕快付諸實行，才能超越變化。

〈守則 10〉顧客第一、顧客至上守則

行企人員的第 10 個守則，就是在撰寫企劃案的時候，心中一定要永遠堅定此守則，即：顧客第一、顧客至上。

任何的行企方案，都必須考慮到：貼近顧客的需求、滿足顧客的期待、解決顧客的痛點、帶給顧客更美好的生活。

企業是因顧客而存在的，沒有顧客了，企業就是空的。

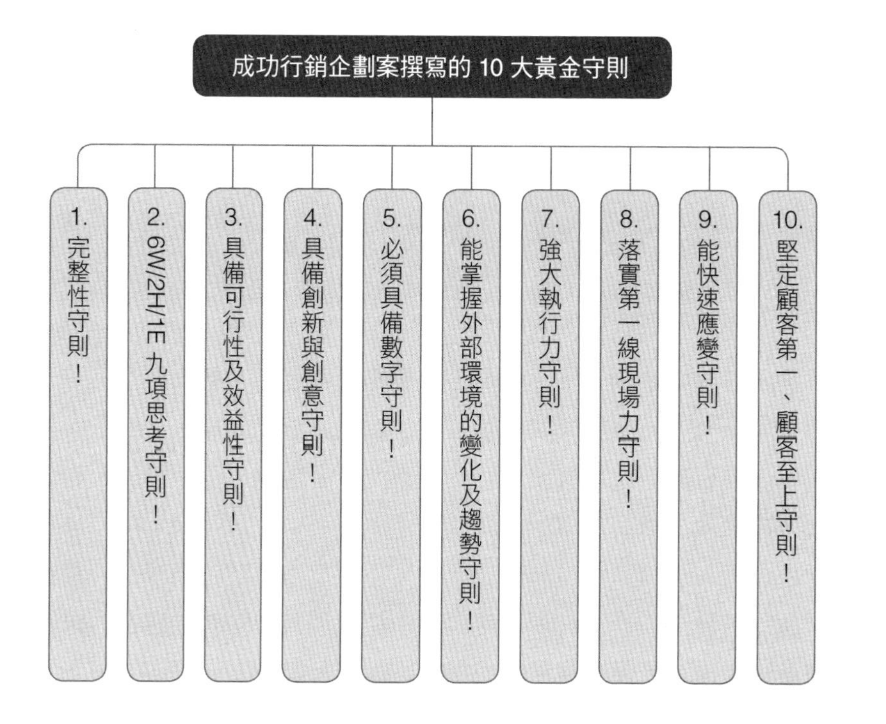

貳拾陸、〈結語 3〉以顧客為核心，徹底做好行銷 4P/1S/1B/2C 內涵

一、做好、做強行銷八項組合

行銷企劃人員必須注意，行銷企劃案撰寫的再好，仍不要忘了，使行銷能夠致勝成功，使產品能夠賣得很好的最根本所在，那就是徹底要做好、做強：

「行銷 4P/1S/1B/2C」的八項工作重點！

即：

1. Product 產品力
+
2. Price 定價力
+
3. Place 通路力
+
4. Promotion 推廣力
+
5. Service 服務力
+
6. Branding 品牌力
+
7. CSR 企業社會責任力
+
8. CRM 顧客關係管理（會員經營）

→

- 行銷企劃成功！
- 產品長銷！
- 公司獲利賺錢！

二、行銷成功八項組合的具體內涵

1. 產品力
- 高品質產品
- 優質產品
- 不斷推陳出新
- 持續改良、升級
- 技術領先、技術突破
- 設計具特色
- 差異化、獨特性
- 功能強大、壽命長

2. 定價力
- 高 CP 值
- 高性價比
- 高 CV 值
- 物超所值感
- 合理利潤、不要暴利
- 滿足庶民經濟

3. 通路力
- 主流實體通路上架
- 主流網購電商通路上架
- 讓消費者快速、方便、24 小時都能買得到

4. 推廣力
- 做好各種主流媒體的廣告宣傳及正面新聞報導
- 做好重要節慶檔期的促銷活動
- 做好體驗行銷
- 經營好社群粉絲黏著度
- 做好藝人及網紅代言

5. 服務力
- 做好門市店、經銷店、專櫃、專賣店的現場服務水準
- 做好售後維修服務
- 做好快速、貼心、有效、親切的服務

6. 品牌力
- 每年都能持續的打造、維繫及提升品牌力及品牌資產價值
- 提高品牌知名度、指名度、好感度、信賴度、忠誠度、黏著度及情感度

7. 企業社會責任力
- 任何企業都必須善盡企業的社會責任，取之於社會、用之於社會
- 注重環境保護
- 贊助、救濟社會弱勢、偏鄉兒童及殘病族群

8. 會員經營力
- 做好對會員的關心、優惠、好處、提高會員的向心力
- 做好 VIP 會員分組，貢獻愈大會員，應給予更多優惠措施
- 持續鞏固會員忠誠度，提高回購率及回店率

三、以顧客為核心

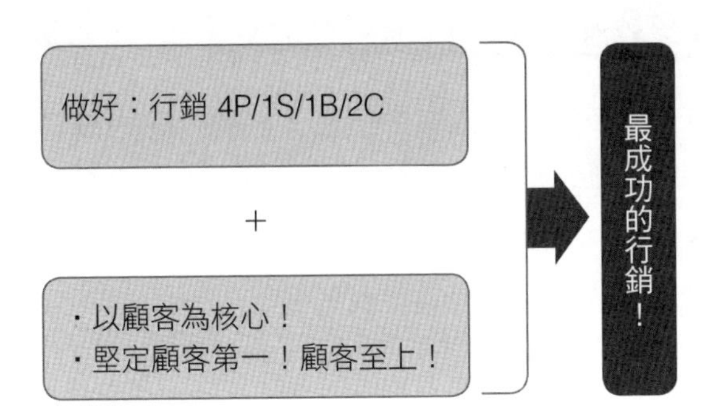

貳拾柒、〈結語 4〉與外圍專業協力公司密切配合，完成行銷任務

本書前面談了很多行銷企劃案的撰寫，好像行企人員是一個萬能的工作人員，其實不是。前述企劃案，有些是必須委託外面專業公司來協助，才能完成的，這就是專業分工的概念。

這些專業協力公司，最主要的包括下列：

1. **廣告公司**：發想創意及找導演完成電視廣告片的製作。
2. **媒體代理商**：負責本公司有一筆廣告預算，如何做好媒體企劃與媒體採購，以有效果的方式去完成廣告播放或刊出，讓最多的人看到這支廣告片或廣告平面稿。
3. **公關公司**：負責本公司的新產品記者會舉辦公關活動，以及本公司新聞稿發放、刊出等工作。
4. **活動公司**：負責本公司有大型活動舉辦，可委託這些活動公司協助規劃及辦理；包括：大型體驗活動、晚會、貿協展覽會、會員特別日活動……等。
5. **數位行銷公司**：負責本公司數位廣告投放事宜、網紅 KOL 行銷事宜、官方粉絲團經營、官網設計、及網路行銷活動專案舉辦等。
6. **通路陳列公司**：協助本公司在各大賣場、各大超市的特別陳列設計及執行的公司，以使本公司品牌在各大賣場能夠更吸引人注目及取拿。
7. **市調公司**：協助本公司在有市調需求時，加以支援完成，包括各種電話市調、網路市調、手機市調、焦點座談會、盲測、家庭使用市調、賣場市調、會員市調、顧客滿意度市調、廣告市調……等。
8. **設計公司**：協助本公司在產品外觀設計、外包裝設計、DM 特刊設計、禮贈品設計、瓶身設計等。

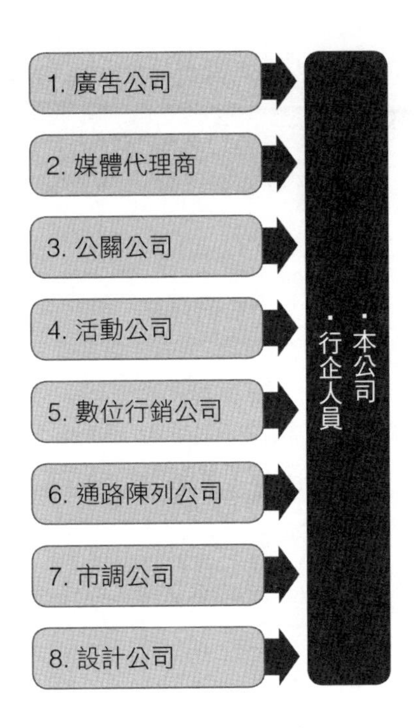
1. 廣告公司
2. 媒體代理商
3. 公關公司
4. 活動公司
5. 數位行銷公司
6. 通路陳列公司
7. 市調公司
8. 設計公司
・本公司
・行企人員

貳拾捌、〈結語 5〉成功行銷企劃的關鍵一句話（黃金守則 86 條）

1. 以顧客需求為中心點，為顧客需求創造更多的滿足、價值及更多的利益。
2. 超越顧客的期待，為顧客創造驚喜感，永遠走在顧客前面幾步。
3. 永遠不能自我滿足，要不斷求進步，追求好還要更好。
4. 做行銷，成功的九字訣：求新、求變、求快、求更好。
5. 做行銷，從來沒有 100% 完美行銷決策，凡事必須快速，邊做、邊修、邊改，一直改到最好且成功為止。
6. 站在顧客立場，為顧客解決他們生活上的各項需求及痛點。
7. 永遠要記住，只要顧客生活中還有不滿足與不滿意的地方，這就是有新商機的所在。
8. 要追求長期的成功，一定要隨時全面性的檢視行銷 4P/1S，是否同時、同步都做好、做強。（註：行銷 4P/1S，Product 產品力、Price 定價力、Place 通路力、Promotion 推廣力、Service 服務力。）
9. 做行銷，一定要先努力的把品牌力打造出來，有品牌力才有銷售業績力。品牌力包括：品牌的高知名度、高好感度、高指名度、高信賴度、高忠誠度及高黏著度。
10. 做行銷，一定要努力做出產品及服務的差異化、特色化、區隔化及獨一無二性，才能突圍成功。
11. 做行銷，一定要關注顧客滿意度的狀況，一定要做到各方面顧客高滿意度，這樣顧客才會有高的回購率及回店率。
12. 做行銷，最極致與最難的是，如何提高、鞏固及強化顧客對我們家品牌的一生忠誠度，這也是行銷人員努力的終極目標。
13. 做行銷，不必專攻大眾市場，攻分眾市場、小眾市場或縫隙市場，也會有成功的一天。
14. 先追求品牌高的心占率，然後才會有好的市占率。

15. 先把產品力做好、做強、做出競爭力，因為產品力是行銷的根基。
16. 先了解消費者如何認知、如何選購及如何使用產品的行為。
17. 做行銷，要跟著顧客需求而改變，要抓緊顧客變動的節奏，才會成功。
18. 追求產品不斷的改良、升級、進化及創新。
19. 做行銷，要先革自己的命，先跟進自己。
20. 做行銷，永遠要調整、前進、再調整，直到成功為止。
21. 若能快速、精準的切入市場破口，更易成功。
22. 做行銷，必須在成熟市場中，大膽創新。
23. 不斷累積消費者的信任感。
24. 做行銷，也可以專攻小眾市場，搶占利基型市場。
25. 隨時應對市場的變化。要快速向市場學習，這才是長保市場領先的關鍵。
26. 做行銷，必須抓到消費市場的需求及脈動，然後才會創新成功。
27. 做行銷，要了解：品牌就像人的內在及氣質，每一天都要做好。
28. 必須不斷地發現新需求，開發新市場，才會使企業營收及獲利不斷向上成長。
29. 做行銷，不只賣產品，更是賣服務。
30. 聚焦在有成長動能的領域。
31. 快速跟上時代潮流及掌握市場脈動。
32. 提高對市場變化的敏銳度。
33. 做行銷，不要忘了行銷的終極目標，就是要帶給消費者更美好的人生。
34. 好產品＋好行銷＝好業績
35. 做行銷，要讓消費者有想買的感覺。
36. 儘可能保有先入市場優勢及先發品牌優勢。
37. 做行銷，最成功的就是要長期保有一大群能支撐每年穩固業績的忠誠顧客。
38. 嚴格把關產品及服務的雙品質。因為品質就等於是顧客的信賴感，也是品牌的生命。

39. 必須同時做好「五值」：高 CP 值、高品質、高顏值（設計、包裝值）、高 EP 值（體驗值）及高 TP 值（信任值）。
40. 只要能照顧好顧客，生意自然就會來。
41. 打造品牌力及業績力時，注意做好傳播策略、媒體策略及每一次的傳播主軸。
42. 邀請適當的藝人、網紅、醫生、教授、名人及使用見證人，作為代言人廣告，以增強廣告及品牌的說服力、信任感。
43. 必須經常到現場去實戰觀察，才知道對策何在。
44. 必須確保品牌不老化，永保品牌年輕化。
45. 做行銷，一定要努力做出品牌的常勝軍。
46. 必先照顧好老顧客、老會員，再來才是開拓新顧客、新會員。
47. 採取多品牌策略，可使營收及獲利更加成長。
48. 做行銷，就在不斷強化顧客的黏著度、信任度及忠誠度。
49. 多接受市場磨練及傾聽顧客意見反應。（VOC, Voice of Customer；顧客心聲）
50. 永遠保持走在顧客的最前面。
51. 方向錯了就要馬上改過來，直到方向正確。
52. 必須帶給消費者高 CP 值、高 CV 值、高性價比的感受。
53. 必須時時保持必要的廣告曝光度及廣告聲量，避免顧客遺忘品牌。
54. 必須做好對消費者有深度的洞察及熟悉（Consumer Insight）。
55. 每年必須要有適度的行銷（廣宣）預算投入，才能不斷累積出「品牌資產」的價值出來。
56. 公司必須同步投入研發並技術升級，才會成功。
57. 當公司資源有限時，必須集中資源在主力戰略商品上。
58. 必須用年輕人的語言與年輕人傳播溝通。
59. 做行銷，要考慮到對顧客的利益點（Benefit）及新價值感。
60. 必須要不斷鍾鍊出強項產品，不斷精益求精。
61. 產品不怕賣貴，就怕沒特點、沒特色。

62. 必須不斷努力鞏固及提升市占率。（市占率代表品牌在市場上的地位與排名）
63. 要不斷地去創新，要大膽去做，走舊路到不了新的地方。
64. 要記住消費者不會永遠滿足，所以永遠要進步。
65. 勇敢追求市場第一名品牌，當成是不可迴避的使命感。
66. 必須定期提供對顧客的促銷優惠誘因，才能持續提高買氣。
67. 隨時保持品牌的新鮮度。
68. 做行銷，必要時要有詳盡的顧客市調，作為行銷決策的科學基礎。
69. 做行銷、做服務業，對高端顧客要有一對一客製化高檔客服。
70. 做行銷，務必要提高新產品研發及上市成功的精準性。
71. 善用對的代言人做廣告宣傳，必可快速、有效的拉抬品牌知名度及好感度。
72. 小品牌、小企業沒有預算做廣告宣傳，只有從自媒體、社群媒體及口碑行銷做起，逐步慢慢的打出品牌知名度。
73. 在通路上架策略上，一定要努力上架到主流的、大型的、連鎖的實體零售據點，以及電商網購通路去。一定要讓消費者方便的、很快的、就近的買得到產品。
74. 做行銷，一定要體認到服務的重要性。如何提供及時的、快速的、能解決問題的、頂級的、用心的、優質的、令人感動的美好服務。
75. 在定價的策略上，一定要讓消費者有物超所值感，有好口碑，這樣顧客才會回流。
76. 不要忽略了要善盡企業社會責任（CSR），若能做好公益行銷，必能對企業形象及品牌形象帶來莫大的潛在助益。
77. 做行銷，必須了解電視廣告的持續性投入是必要的，對品牌力的提升是具有直接實質的幫助，對業績的提升則有間接的助益。
78. 必須先確定品牌定位何在，以及鎖定目標消費族群（TA），才能夠持續行銷 4P/1S 的計畫。
79. 一定要重視會員經營及會員卡經營，唯有給會員定期的優惠及折扣，才能吸引出會員的高回購率及回店率。

80. 高品質值得高價位。
81. 永遠保持企業永續成長的動能，要不斷有新產品、新品牌、新服務、新市場的持續性推出。不斷成長，才是王道。
82. 必須注意在不同地區要有因地制宜的策略，標準化策略不可一套用到底。
83. 應注意品牌名稱，一定要好記、好念、好傳播，最好在兩個字以內，不得已三個字，四個字以上就太長不適合了。
84. 面對外部激烈的環境變化，必須要快速、有效的回應市場變化。
85. 一定要使顧客有美好的體驗感，故體驗行銷是愈來愈重要，更加值得重視。
86. 一定要記得：滿足顧客需求的路程，永遠不會有終點。我們一定要比顧客還了解顧客，沒有顧客，企業就不存在了、空了。顧客永遠是第一的，一定要把顧客放在利潤之前。

第 2 篇

營運企劃大綱實戰

本篇提供 26 個營運企劃大綱案例，僅供讀者參考。不過，由於隔行如隔山，每個行業都有其專業及特性存在。因此，重要的是，各位讀者不必太執著於每個案例內容到底如何，而是要學習這些案例撰寫「架構」及「大綱」的完整性、周全性、思考性、舉一反三性、融會貫通性及判斷性等能力之養成，這才是最根本的。

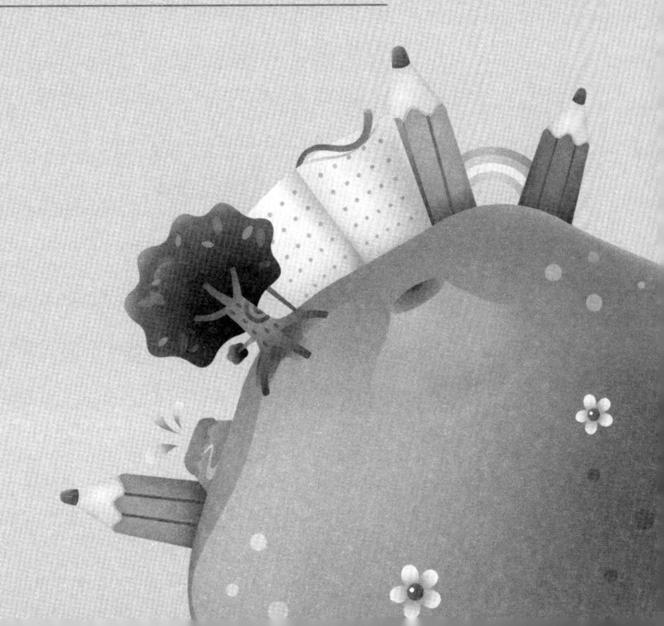

某超市賣場連鎖店「新年度營運策略調整」分析報告

一、競爭環境分析

(一) 大型量販店發展都心店大幅展店的不利影響分析。

(二) 便利商店連鎖發展的不利影響分析。

(三) 消費者購物心理與型態的改變影響分析。

(四) 百貨公司及購物中心附設超市的不利影響分析。

二、本公司超市現況的不利點及缺失點深入分析

(一) 商品線缺失分析。

(二) 虧損店數分析。

(三) 店內格局、裝潢缺失分析。

(四) 服務水準缺失分析。

(五) 販促活動不足缺失分析。

(六) 廣告投入不足缺失分析。

(七) 競爭特色不足缺失分析。

(八) 新店據點不易找缺失分析。

(九) 小結。

三、今年度營運策略方針

(一) 展店謹慎保守，非好據點不展店。

(二) 既有店朝重質不重量改革。

(三) 把重心放在強化每一個店的經營體質。

(四) 計畫關掉多年虧損不善的8家店目標。

(五) 改裝，提升裝潢水準。

(六) 調整產品線結構：

1. 新增美妝產品專賣店。

2. 大幅改裝生鮮區，增加明亮度及通路（生鮮品占 30% 營業）。

(七) 深耕社區顧客型做突圍。

四、今年度總店數、營業額及獲利額預算目標揭示

五、結論

案例 2　某速食連鎖店「擴店計畫」案

一、目前店數及經營績效分析

(一) 今年店數達 200 家。

(二) 總體損益分析。

(三) 各店／各地區個別損益分析。

(四) 明年轉虧為盈的關鍵因素分析：

1. 店數規模化目標。

2. 採購成本下降目標。

3. 來客數、客單價增加目標。

4. 各店利潤中心責任制導入。

5. 其他各單位配合因素。

二、明年行銷策略作為與計畫

(一) 預計擴店目標：達 300 家店。

(二) 店址選擇：捷運站旁、購物中心、百貨公司、商圈、量販店等人潮聚集地區。

(三) 擴店專案組織小組與人力配置規劃。

(四) 擴店資金需求預估。

(五) 擴店每月數量時程預計表。

(六) 相關部門全力配合事項。

三、擴店 300 家後之營運績效預算

(一) 未來三年損益表預估（含營收額、獲利額及 EPS）。

(二) 上市申請計畫說明。

四、結論

某雞精領導品牌年度行銷「市占率成果」維繫檢討報告

一、市場占有率成果報告

(一) 白蘭氏雞精市占率：30%。

(二) 華佗雞精市占率：5%。

(三) 合計 35% 高市占率。

(四) 其他各品牌市占率：65%。

二、高達 35% 高市占率成果因素分析

(一) 品牌第一印象因素。

(二) 通路密布及經銷商配合因素。

(三) 推出年節禮盒因素。

(四) 廣告宣傳成功因素。

(五) 主打低價及中南部市場的華佗雞精因素。

(六) 健康意識高漲。

(七) 送禮盒（雞精與燕窩）習俗形成。

(八) 業務組織戰力全力發揮因素。

(九) 促銷活動緊密配合大型量販店及超市成功因素。

三、今年度整體營收業績較去年度成長達 15%，是豐收的一年

四、明年度維持高市占率（35%）的行銷策略規劃

(一) 新產品策略。

(二) 既有產品革新策略。

(三) 多品牌策略。

(四) 包裝革新策略。

(五) 擴展延伸到年輕族群策略。

(六) 禮盒贈禮策略。

(七) 廣告宣傳策略。

(八) 活動舉辦策略。

(九) 與大型通路商搭配策略。

(十) 業務組織與人力強化策略。

五、結語

某量販店推出「自營品牌」年度營運計畫案撰寫架構內容

一、去年度自營品牌營運總檢討

(一) 去年度自營品牌整體營收額、毛利額、獲利額檢討分析。

(二) 去年度自營品牌各品項銷售量、銷售額及毛利額檢討分析。

(三) 去年度自營品牌與供應廠商合作協力關係檢討分析。

(四) 去年度自營品牌占全公司營收額、毛利額及獲利額比例分析。

(五) 去年度自營品牌事業部門各項工作檢討分析。

(六) 去年度消費者對自營品牌之總體意見反映整理分析（含優點／缺點／改革建議）。

(七) 去年度總檢討小結。

二、去年度競爭對手自營品牌業務發展比較分析

(一) 營業績效比較分析。

(二) 品項績效比較分析。

(三) 自營品牌政策與策略比較分析。

(四) 行銷比較分析。

(五) 小結。

三、今年度自營品牌事業發展計畫

(一) 基本政策發展目標。

(二) 發展策略布局主軸與訴求重點。

(三) 組織與人力的規劃。

(四) 產品規劃。

(五) 品牌規劃。

(六) 定價規劃。

(七) 廣宣規劃。

(八) 媒體公關規劃。

(九) 與供應廠商合作規劃。

(十) 成本與毛利率規劃。

(十一) 營收額／毛利額／獲利額年度預算目標。

(十二) 時程計畫安排。

(十三) 各相關單位配合事項說明。

四、今年度同業在推展自營品牌事業之情報蒐集與分析

某○○○連鎖大賣場分析。

五、今年度本公司與競爭同業在推展自營品牌事業之綜合比較分析與競爭優劣勢分析

(一) 綜合列表分析。

(二) 競爭優劣勢分析。

六、今年度自營品牌事業發展勝出的關鍵成功因素（KSF）分析

七、今年度自營品牌事業發展對本公司在整體發展的貢獻分析及戰略意義分析

(一) 貢獻度分析。

(二) 戰略意義分析。

八、結語

某汽車銷售公司確保進口高級車第一名銷售量之「新年度營運計畫案」大綱

一、今年度進口高級車市場環境總分析

(一) 政府法令環境。

(二) 整體購車市場景氣環境。

(三) 競爭對手做法環境。

(四) 本公司國外母公司配合環境。

(五) 其他影響車市周邊環境（包括金融、利率、匯率等）。

二、今年度最強競爭對手（第二名、第三名）行銷策略施行情報蒐集分析

(一) Benz 品牌行銷競爭策略。

(二) BMW 品牌行銷競爭策略。

(三) 小結。

三、本公司品牌去年度躍升第一名的關鍵因素持續加強以及較弱條件之補強措施說明

四、本公司今年度行銷競爭策略說明

(一) 商品競爭策略。

(二) 定價競爭策略。

(三) 通路競爭策略。

(四) 廣告競爭策略。

(五) 促銷競爭策略。

(六) 服務競爭策略。

(七) 銷售人員競爭策略。

(八) 媒體宣傳競爭策略。

(九) 公益活動競爭策略。

(十) 會員關係競爭策略。

(十一) 資訊技術競爭策略。

五、今年度銷售目標挑戰

(一) 全車系銷售量／銷售額目標。

(二) 各地區經銷商業績目標。

(三) 各車型業績目標。

(四) 全公司營收、獲利與 EPS 預算表。

六、結論

某量販公司去年度「營運績效總檢討」報告

一、全公司去年度營運績效總檢討

(一) 營收達成績效。

(二) 獲利達成績效。

(三) 店數達成績效。

(四) 自有品牌事業達成績效。

(五) 管銷費用率達成績效。

(六) 毛利率達成績效。

(七) 服務滿意度績效。

(八) 產品效益分析。

(九) 媒體公關效益分析。

(十) 促銷活動效益分析。

(十一) 與上游供應廠商採購作業分析。

(十二) 小結。

二、本公司去年度各種營運績效指標與競爭對手比較分析及優缺點分析

(一) 財務績效面比較分析。

(二) 營業績效面比較分析。

(三) 服務績效面比較分析。

(四) 廣告、公關、促銷行銷績效面比較分析。

(五) 供應廠商績效面比較分析。

(六) 小結。

三、本公司全臺各分店營運績效總檢討

(一) 北、中、南三大區域總檢討。

(二) 各店營運績效總檢討。

(三) 小結。

四、去年度量販店市場、環境變化總檢討分析

(一) 法令環境分析。

(二) 競爭者環境分析。

(三) 消費者環境分析。

(四) 供應廠商環境分析。

(五) 自有品牌環境分析。

(六) 流通業互跨競爭環境分析。

五、去年度店內各大類產品線營運狀況分析

(一) 各產品線、營收、毛利、獲利貢獻占比分析。

(二) 各產品線銷售量成長或衰退分析。

(三) 各產品線採購狀況分析。

六、總結論與得失分析

七、未來新年度應努力改革與進步的基本方向與做法原則說明

八、結語

某百貨公司「新年度營運計畫書」研訂

一、新年度經營環境總體分析評估

(一) 競爭者環境評估。

(二) 經濟因素環境評估。

(三) 消費者因素環境評估。

(四) 專櫃廠商因素環境評估。

(五) 百貨公司業別變化新趨勢。

(六) 小結。

二、今年度經營績效主要目標

(一) 營收額目標及成長率目標。

(二) 獲利額目標及成長率目標。

(三) 市占率目標及成長率目標。

(四) 各分店營收／獲利額目標。

三、今年度營運計畫內容

(一) 業務計畫（各店／各樓層）。

(二) 廣告計畫。

(三) 促銷計畫。

(四) 媒體公關計畫。

(五) 人力資源計畫。

(六) 資訊系統計畫。

(七) 服務計畫。

(八) 會員經營計畫。

(九) 異業合作計畫。

(十) 時程安排。

(十一) 事業革新小組計畫。

(十二) 財務預算計畫。

(十三) 安檢計畫。

(十四) 小結。

四、結語

某食品飲料廠商對「綠茶市場」的競爭檢討分析報告

一、今年茶飲料市場總規模

160 億元，其中，強調健康綠茶占 50 億元。

二、市場上綠茶飲料五大品牌市占率及年度銷售額預估

廠牌	統一	維他露	黑松	愛之味	悅氏
品牌	茶裏王	御茶園	就是茶	油切分解茶	油切綠茶
市占率	13%	7%	5%	5%	5%
年銷售目標	20 億元	12 億元	8 億元	8 億元	8 億元

三、五大品牌的行銷策略比較分析

(一) 茶裏王行銷 4P 策略分析。

(二) 御茶園行銷 4P 策略分析。

(三) 就是茶行銷 4P 策略分析。

(四) 愛之味油切分解茶行銷 4P 策略分析。

(五) 悅氏油切綠茶行銷 4P 策略分析。

(六) 小結。

四、五大品牌廣告投入量比較分析

(一) 金額比較。

(二) 呈現手法比較。

(三) 效益比較。

五、五大品牌設備投資擴展動態分析

六、日本綠茶產銷趨勢情報借鏡分析

七、國內消費者需求與消費市場趨勢預測

八、本公司穩固前五大品牌之內的做法

(一) 經營策略方向。

(二) 行銷 4P 策略方向。

(三) 業務組織方向。

九、結論

某大百貨公司「週年慶活動事後總檢討」報告書

一、業績目標達成總檢討

(一) 實際業績與預期業績比較檢討分析。

(二) 今年度與去年度同期週年慶業績比較檢討分析。

(三) 各分館業績達成率檢討分析。

(四) 各樓層及各商品群業績達成率檢討分析。

(五) 來客人數及客單價檢討分析。

(六) 同業週年慶業績檢討分析。

(七) 小結。

二、週年慶各部門工作執行相關活動總檢討

(一) 廣告宣傳活動檢討分析。

(二) 媒體公關活動檢討分析。

(三) 各專櫃配合活動檢討分析。

(四) 信用卡業務配合活動檢討分析。

(五) 現場服務配合檢討分析。

(六) 總體企劃檢討分析。

(七) 周邊交通指揮配合檢討分析。

(八) 直效行銷作業配合檢討分析。

(九) 網站作業配合檢討分析。

(十) 現場活動作業配合檢討分析。

(十一) 人力調度配合檢討分析。

(十二) 會員卡（聯名卡）使用檢討分析。

(十三) 小結。

三、週年慶促銷項目總檢討

(一) 化妝品（一樓）全面八折活動檢討。

(二) 全館七五折起活動檢討。

(三) 滿千送百活動檢討。

(四) 免息分期付款活動檢討。

(五) 大抽獎活動檢討。

(六) 刷卡禮活動檢討。

(七) 紅利積點活動檢討。

(八) 小結。

四、成本與效益分析

(一) 本次週年慶行銷支出總成本及各項成本分析。

(二) 預算成本與實際支出比較分析。

(三) 效益分析

1. 來客數分析。
2. 客單價分析。
3. 營收額分析。
4. 毛利及獲利額分析。

五、總結論

(一) 本次週年慶成功行銷的關鍵因素分析。

(二) 本次週年慶仍待改善分析。

(三) 下年度週年慶應注意之行銷計畫要點。

案例 10　某大化妝品公司年度「新代言人」分析案

一、本品牌年度新代言人建議人選：○○○○

二、本品牌舉辦四場新代言人人選 FGD（Focus Group Discussion；顧客焦點座談會）之結果報告

三、新代言人入選條件分析

(一) 個人特質條件分析。

(二) 個人履歷背景分析。

(三) 個人條件與本品牌產品適合性分析。

(四) 個人條件與本品牌顧客層適合性分析。

四、新代言人下年度代言成本預算：○○○○萬元

五、新代言人下年度應配合本品牌之各行銷活動事項規範

(一) 拍攝電視廣告片○○支。

(二) 拍攝平面廣告照片○○○○張。

(三) 錄製廣播廣告○○支。

(四) 出席產品上市發表會○○次。

(五) 出席新代言人發表會 1 次。

(六) 出席公益活動○○次。

(七) 出席會員活動○○次。

(八) 其他相關事項。

六、對新代言人簽合約之要求，解約發生之狀況說明

七、新代言人年度費用支付期數說明

八、新代言人效益分析評估

某公司對會員舉辦時尚發表會「結案檢討」報告書

一、時尚發表會執行說明

(一) **舉辦目的**：展現時尚產業通路實力、節目銷售素材豐富創造。媒體話題宣傳造勢、聯誼臺內績優廠商、會員情感。

(二) **發表主題**：「戲弄」企劃概念利用劇場式表演穿插，結合不同的音樂風格、VCR 輔助展現強烈段落感，讓秀呈現更豐富、吸引人的多種復古風貌。

(三) **發表時間**：○○年 9 月 22 日（四）媒體採訪場次14:30～16:00，賓客入場時間 18:45。

(四) **發表地點**：採用南港 101，其設備得以妥善運用符合攝影錄製需求。

(五) **酒商贊助**：協助洽詢酒商贊助，現場雞尾酒提供、專屬贈品 600 份。

(六) **賓客出席狀況**：邀請名人、藝人、媒體記者、白金及尊榮會員、績優廠商、集團長官。

1. 總計發出 1,400 張邀請函，目標邀請 500 人。
2. 實際出席共約 778 人次（含攜伴），達成率 155.6%。
3. 邀請出席率 55.57%。

(一) 邀請對象	(二) 負責部門	(三) 出席人數（含攜伴）
媒體記者	媒體公關部	51
名人、藝人	媒體公關部、節目部	100
廠商、廣告公司	商品部、廣宣部	220
臺外平面媒體	平面媒體事業部	192
白金＋尊榮會員	會員經營部	215
總計		778

二、時尚發表會執行效益——媒體公關部

(一) 媒體記者出席狀況：出席電視媒體 7 家，預計 10 月分刊登媒體 12 家。

(二) 共計有 51 名記者到場，下午 10 位，晚上 41 位，達成率為七成左

右。

(三) 電視 7 家（即 ETTV、TVBS、三立、八大、中天、非凡、緯來）

(四) 報紙 3 則（持續補強中）、電子報 10 則。

(五) 10 月分即將發刊之雜誌一覽表：

雜誌	Vogue	10 月分刊
	Bazzar	10 月分刊
	ELLE	10 月分刊
	美麗佳人	10 月分刊
	名牌誌	10 月分刊
	茉莉	10 月分刊
	時報周刊	10 月分刊
	儂儂	10 月分刊
	愛女生	10 月分刊
	mina	10 月分刊
	Ray	10 月分刊
	Rose	10 月分刊

(六) 節目部邀請之演藝工會資深藝人等，總計邀請名單 120 位，現場出席 100 位名人，出席率高達八成三以上。

三、時尚發表會執行效益——會員經營部

(一) 會員出席狀況：邀約對象以北區白金會員為主、尊榮會員為輔。

標的	邀約目標	預估出席率	邀約人數	實際出席人數	實際出席率
會員	240 人	30%	198 人	102 人	42.50%
親友	240 人	30%	247 位	113 人	47.10%

(二) 會員出席後滿意度調查

調查項目	滿意	不滿意
活動場地	76%	24%
餐點	87%	13%
商品內容	83%	17%
整體感受	89%	11%
服務態度	91%	9%
下次參加意願	90%	10%

(三) 往後將更善用小巨蛋、南港 101 等實體場地舉辦會員活動，以提升會員服務之多元化，走入人群，增加面對面接觸互動的服務。

四、時尚發表會執行效益——商品及自營品牌

(一) 參加廠商由商品部進行邀展，9 家臺內廠商、4 個自營品牌，共計展出 157 件商品。

(二) 每家臺內廠商贊助 5 萬元，取得 VCR 素材於臺內銷售產品時使用。

<table>
<tr><th>商品區別</th><th>廠商名／自營品牌</th><th>商品數量</th><th>展出方式</th><th>商品類別</th></tr>
<tr><td rowspan="9">商品一處</td><td rowspan="2">IKON</td><td>10</td><td rowspan="2">走秀</td><td>女裝</td></tr>
<tr><td>2</td><td>男裝</td></tr>
<tr><td rowspan="2">LIGHT & DARK</td><td>5</td><td rowspan="2">走秀</td><td>男裝</td></tr>
<tr><td>5</td><td>女裝</td></tr>
<tr><td>SUNJOUMEI</td><td>16</td><td>走秀</td><td>男裝</td></tr>
<tr><td rowspan="2">晟強實業有限公司（di marxin）</td><td>13</td><td rowspan="2">走秀</td><td>男裝</td></tr>
<tr><td>18</td><td>女裝</td></tr>
<tr><td>莎莉絲</td><td>5</td><td>走秀</td><td>女內</td></tr>
<tr><td colspan="4"></td></tr>
<tr><td rowspan="2">商品五處</td><td>OKWAP</td><td>1</td><td>展館</td><td></td></tr>
<tr><td></td><td></td><td></td><td></td></tr>
</table>

五、時尚發表會執行效益——節目規劃

(一) 發表會主軸「戲弄」，以戲劇元素結合商品，呈現迷醉古今、交融中西的復古面向。

(二) 剪輯九家廠商、四個自營品牌專屬銷售 VCR 素材，提升商品價值。

(三) 剪輯一小時完整播帶，視情況於臺外媒體進行時段購買播出。

(四) 節目內容規劃。

為了明確地凸顯整個活動的精神主軸，此次規劃特地結合了燈光、戲劇效果，在節目開場前的暖場，安排知名樂師組成五人樂團，營造出五〇年代上海風味的復古風。節目一開場安排 10 位模特兒做踢踏舞的演出，藉由踢踏的腳步聲與整齊劃一的肢體動作，製造出華麗與磅礡的開場氣勢。緊接著，由兩位專業舞者，引用西方名劇《歌劇魅影》為題材，以劇中男女主角造型來詮釋代表西方的戲劇與劇場氣氛。舞臺另一端，身著旗袍的上海百樂門歌女，營造出五〇年代東方女子華麗視覺，也帶出復古時尚氛圍。接著，東森快遞人員以鋼絲下滑，將充滿驚喜的百寶箱遞送給舞臺上滿心期待的小女孩手中。表現出不論何時（地）都會將甜蜜的幸福傳遞至每一個人手中的意念，為今天的時尚秀揭開序幕。

全體模特兒穿著各參展品牌服裝商品，由兩側陸續出場於舞臺上向現場來賓致謝，並迎接滿心期待的小女孩出場，走向舞臺中央雙手指向天空。大型飛碟緩緩下降，飛碟裡走出漂亮的女模特兒，帶著神祕嘉賓（得意狗）現身舞臺。將身上圍巾套在女孩身上，並打開驚喜百寶箱。小女孩將箱子裡面亮片碎花撒向空中，同時空中降下白雪，意味著在寒冷的冬天給您無限的溫暖，完美且感動人心的演出雖然落幕，但更象徵服務會永遠伴隨在會員身邊，開啟更美好的生活。

六、活動預算

(一) 今年 3 月「玩弄春色」派對費用支出約〇〇〇〇萬元（含雨天備案

追加費用）。

(二) 本次活動預算編列○○○○萬元，本次活動執行支出○○○○萬元，使用率 89.91%。

(三) 廠商每家贊助○○萬×9 家＝○○萬元。

(四) 扣除廠商贊助款，本次活動實際支出約○○○○萬元。

七、結論及建議

某公關公司對內政部國際身心障礙者日宣導計畫之「金鷹獎頒獎典禮及宣示記者會」企劃提案

一、活動緣起

二、活動目標

三、計畫名稱

四、主辦單位／協辦單位

五、活動時間／地點

六、活動內容

(一) 國際身心障礙者日（宣示記者會）。

(二) 金鷹獎頒獎典禮暨音樂晚會。

七、媒體宣傳計畫

八、媒體排程

九、整體工作進度

十、經費概算

十一、預期效益

十二、人員配置及組織架構

十三、本公司近年實績

案例 13 某化妝品公司舉辦「時尚 Party」活動企劃案

一、時間

〇〇年〇〇月〇〇日晚上 7 點。

二、地點

臺北 101 大樓 89 層室內觀景臺。

三、邀請對象

藝人（含主持人）、模特兒、公關公司、記者及政商界具有流行時尚印象的名人，特別邀請當時的臺北 101 董事長陳敏薰。

四、活動內容

於 101 大樓 89 層，占地 761 坪的室內觀景臺舉辦時尚 Party，可欣賞臺北夜景，也將請代言人及模特兒走秀，展示兩款春夏最新香水，並由代言人示範，說明新款香水的重要特色。會場提供精緻餐點、飲料，並且展示香水系列商品，僅供現場試用，不贈送。

五、其他

活動前一週開始播放由代言人拍攝的商品廣告。

六、活動預算

項目	成本預估
場地租金	○○○萬元
場地裝潢及布置費用	○○○萬元
代言人及主持人費用	○○○萬元
宣傳廣告	○○○萬元
試用品費用	○○○萬元
雜支準備金	○○○萬元
TOTAL	○○○○萬元

七、101 大樓簡介

(一) 室外觀景臺 91 層。

(二) 室內觀景臺 89 層。

(三) 觀景層全層面積約 761 坪。

(四) 觀景臺直達電梯入口設於一樓大廳西北角，並設置等候區及購票處。

(五) 參觀者依出入口及大廳指示牌，集中於一樓等候區搭乘直達電梯。

(六) 觀景臺直達電梯出口設於五樓，與入口人潮錯開。

某行銷傳播公司對行政院消費者保護委員會，提出「健康臺灣，消費新生活」系列宣傳活動企劃書

一、前言

(一) 消保議題的現況分析。

(二) 消保宣導模式的轉變。

(三) 今年消保宣導模式的新動力。

二、宣導目標

(一) 訴求對象。

(二) 訴求重點。

三、整體策略

(一) 以統一視覺標示，塑造年度計畫之整體性及延續性

1. 建議一：您的消費，我們關心。
2. 建議二：聰明消費，您我放心。

(二) 量身打造消保歌曲及虛擬代言人造型設計。

(三) 階段性的規劃，持續性的曝光，整年度消保議題持續發燒

1. 第一階段宣導計畫：執行時程、議題設定、宣導對象、執行工作說明。
2. 第二階段宣導計畫。
3. 第三階段宣導計畫。

(四) 充分結合媒體資源，有效運用分眾媒體的優勢。

(五) 消保議題的精確掌握與整合行銷的媒體優勢，打造全方位多元的宣導效果。

(六) 免費公關資源加值服務。

四、整體架構圖示

五、整合行銷計畫說明

(一) 第一階段宣導計畫

1. 消保議題座談會（2 月）。
2. 媒體座談會（3 月）。
3. 最重視消費者權益。
4. 標竿廠商選拔活動（3 月～5 月）。
5. 第二屆全國大專院校消保短劇競賽活動（2 月～5 月）。

(二) 第二階段宣導計畫

1. 消費權益新聞報導獎（9 月～10 月）。
2. 消保趣味漫畫徵稿活動（8 月～9 月）。

(三) 第三階段宣導計畫

1. 大型宣導活動（9 月～10 月）。
2. 十大熱門消費新聞票選活動（11 月～12 月）。
3. 未來展望記者會（12 月）。

(四) 整年度持續宣導計畫：媒體宣導計畫

1. 媒體規劃構想。
2. 媒體宣傳計畫總表
   (1) 電視宣導。
   (2) 報紙宣導。
   (3) 網路宣導。
   (4) 文宣品宣導。
3. 各媒體宣傳計畫細節說明。

六、預算規劃（項目、說明、金額）

七、工作期程表（工作項目進度／各月別）

八、執行國際編組與人力架構

九、本公司過去執行實績案例介紹

案例 15 某餐飲連鎖加盟店「加盟說明會」企劃案

一、加盟說明會主題：創業鮮機，烤究成功

二、加盟說明會訴求

(一) 介紹企業集團新事業體之連鎖加盟品牌「一哥鮮烤工房」，加盟「一哥鮮烤工房」之優勢，現場前 20 名預約者可享創業合作獎勵金 10 萬元優惠。

(二) 啟動「一哥鮮烤工房」品牌加盟元年，提供消費者與創業投資者新鮮自然、健康幸福的新優質品牌、商品，以及精緻全方位的集團機能服務。

三、日期：2019 年 2 月 25、26 日（臺北兩場），3 月 25 日（高雄一場）

四、時間：14:00～16:00

五、地點：臺北市飯店 XX 廳、高雄市說明會場地

六、說明會流程

14:00～14:15：準加盟主報到，工作人員接待引導入座，資料袋發放，飲料與試吃品提供。

14:15～14:20：開場音樂、熱場、吉祥物串場。

14:20～14:25：主持人歡迎來賓與加盟主，講解說明會流程。

14:25～14:35：總經理介紹，致歡迎詞。

14:35～14:45：簡介企業組織與一哥鮮烤工房緣起、總部團隊簡介。

14:45～15:00：簡介一哥鮮烤工房品牌優勢與商品特色、產業現況。

15:00～15:20：影片播放介紹（集團介紹；企業簡介；一哥鮮烤工房品牌訴求與加盟優勢、經營業態、商品類別……）。

15:20～15:35：創業加盟資料內容說明，加盟流程說明，現場預約名額之優惠。

15:35～16:00：現場加盟申請，個別洽談服務，Q&A，填寫問券兌換一哥吉祥物贈品乙個。

16:00～END：（工作人員與吉祥物歡送加盟主）。

七、市場開發品牌管理師說明內容備註

(一) 臺灣烘焙市場分析與未來發展方向（一年至少 300 億市場商機）。

(二) 烘焙產業連鎖現況（麵包業、牛角、烤饅頭）。

(三) 優勢分析、同業差異。

(四) 投資報酬與營運輔導。

(五) 加盟制度、流程、辦法。

(六) 商品、原物料介紹、製程說明。

(七) 加盟主具備條件、資金費用說明。

八、準備物品

(一) 加盟資料袋（公司簡介、加盟簡章、光碟、加盟 DM、加盟申請書）。

(二) 預約書。

(三) 預約金收據。

(四) 印泥、印臺。

(五) 合約書試閱本。

(六) 茶水飲料、一哥牛角、一哥饅頭。

(七) 播放之影片光碟、播放設備。

(八) 說明會場橫條。

(九) 接待區、簽名簿。

(十) 現場文宣輸出布置品、關東旗。

(十一) 問卷。

(十二) 一哥吉祥物贈品。

(十三) 麥克風。

(十四) 音響設備。

(十五) 吉祥物人偶。

(十六) 照相機、DV。

九、參與工作人員與作業分配

(一) 臺北、高雄會接洽。

(二) 會場座位人數確認。

(三) 會場導引指示牌。

(四) 活動主持人。

(五) 音響器材控制。

(六) 燈光器材控制。

(七) 來賓導引接待入座。

(八) 吉祥物人偶。

(九) 加盟主報到簽名。

(十) 發放資料袋與準備。

(十一) 飲料餐點準備。

(十二) 文宣品、DM、海報準備。

(十三) 關東旗、人型立牌與鐵架準備。

(十四) 預約書、合約書試閱本準備。

(十五) 預約金收據準備。

(十六) 文具用品、筆（原子筆、簽字筆）、印泥、印臺準備。

(十七) 現場拍照錄影。

(十八) 現場配合之 SAKURA 工作人員。

十、備註

(一) 每一場說明會之容納人數（每場上限人數 50 人）。

(二) 開場熱場的方式（是否都要辣妹熱舞的表演）。

(三) 主持人控制會場氣氛。

某公關公司為某食品公司「加盟新產品開幕記者會暨加盟展參展活動」企劃案

一、活動目標

(一) 規劃「一哥鮮烤工房」開幕記者會，傳達嘉新食品化纖挾「新業態品牌力、產品研發能力、管理經營能力與媒體行銷能力」等優勢，正式進軍休閒點心加盟連鎖事業。

(二) 為加盟展暖身，並釋放公開徵求一名幸運兒成為首位加盟示範業者訊息。

(三) 透過活動建立「一哥鮮烤工房」知名度，加強品牌辨識度。

(四) 建立消費者及未來潛在加盟主對「一哥鮮烤工房」信心。

(五) 創造新聞話題，引發民眾加盟興趣及意願。

二、目標對象

(一) 有志再創事業第二春之民眾。

(二) 有志投資副業之民眾。

(三) 一般社會大眾消費者。

三、目標媒體

(一) 根據產品及活動特性鎖定五大媒體之財經產業線、消費美食線。

(二) 主要媒體如下：

1. **報紙**：經濟日報、工商時報、中國時報、聯合報、自由時報、民眾日報等。
2. **雜誌**：Cheers 快樂工作人、就業情報、商業周刊、錢雜誌、新新聞、天下、智富、Career、時報周刊、壹週刊、獨家報導等。
3. **網路**：ETtoday、鉅亨網、udn 聯合新聞網等。
4. **廣播**：News 98、ET FM、Hit FM、中廣、飛碟電臺、警廣、正聲等。
5. **電視**：台視、中視、華視、民視、東森、三立、年代、非凡、TVBS-N 等。

四、活動架構

開幕記者會

加盟造勢
- 展店致富四達人
- 「一哥」打造黃金人生大挑戰
- 「一哥鮮烤工房」致富祕笈

- 展現「一哥鮮烤工房」加盟體系後盾實力
- 建立消費者及潛在加盟主對產品「食材」的信心

財經產業線
平面、電子媒體

針對產品
- 「一哥鮮烤工房」好滋味祕密大解析

- 強調「一哥鮮烤工房」烘焙之美味及品質

消費美食線
平面媒體

加盟展

展板介紹
- 展店致富四達人
- 嚴選食材流程
- 「一哥鮮烤工房」加盟優勢

- 供現場潛在加盟主及媒體瀏覽，了解「一哥鮮烤工房」前端作業之嚴選流程

SP 活動

開幕活動——新春驚喜專案
- 美味大對決　福袋旺旺來
- 一元復始　萬象更新
- 一哥大請客
- 加盟展 SP
- 心跳酥軟脆
- 十大熱門品牌拉票活動
- 前進致富之路活動等

- 創造人潮，活絡氣氛
- 讓潛在加盟主看見產品實力

新聞議題操作

- 開幕記者會
- 財經產業線
- 消費美食線

臺北加盟展
- 活動新聞

東森新聞
- 記者會出機採訪
- 加盟展出機採訪
- 新聞專題操作
- 「一哥鮮烤工房」好滋味祕密大解析
- 「一哥鮮烤工房」加盟體系後盾實力

五、開幕記者會暨 SP 活動

(一) 活動構想

1. 「一哥鮮烤工房」開幕記者會。
2. 搭配活動（由客戶自行舉辦）
   (1) 方案一：美味大對決，福袋旺旺來。
   (2) 方案二：一元復始，萬象更新，一哥大請客。

(二) 活動時間

記者會 95 年 2 月 10 日／星期五 11:00～12:00。

SP 活動 95 年 2 月 10 日／下午 12:00 起三天。

(三) 活動地點

記者會：臺北東森巨蛋「一哥鮮烤工房」旁之大廳。

SP 活動：巨蛋門市。

六、「一哥鮮烤工房」開幕記者會

(一) 主持人致歡迎詞。

(二) 主辦單位／貴賓致詞。

(三) 「財神現身，錢途無量」開幕儀式

1. 為強化「一哥鮮烤工房」具有食材、店面、貸款、技術的加盟優勢，邀請四位展店致富達人穿著一哥廚師服，由跳加官財神引領出場。
2. 製作「一哥鮮烤工房」店面模型，邀請主辦單位代表與致富四達人各持一個大插頭，分別插到模型上，模型依序一一發亮，最後一個插頭插上時，整個模型閃閃發亮。
3. 致富四達人建議人選：嚴選食材達人、黃金店面達人、創業貸款達人、烘焙藝術達人。

(四) 致富四達人致賀詞：藉由高層領導人擔任致富四達人，展現「一哥鮮烤工房」跨足加盟連鎖事業的強烈企圖心與強勢後盾。

(五)「一哥鮮烤工房」打造黃金人生大作戰

1. 由主辦單位代表說明「一哥鮮烤工房」加盟拓展計畫與願景，並順勢介紹「打造黃金人生大作戰」活動。
2. 宣布「一哥鮮烤工房」目標在加盟大展活動，希望徵得 1,000 名有意願的加盟者，並將從中徵選一位幸運的「旗艦一哥」，免費輔導其開店，再創事業第二個黃金人生。
3. 輔助製作物：可移動式加盟展活動訊息與徵選辦法（加盟展可沿用）。

(六)「一哥鮮烤工房」好滋味祕密大解析

1. 製作圖文展板，深入介紹「一哥鮮烤工房」嚴選食材流程。
2. 由「一哥鮮烤工房」代表說明美味口感的小祕方（或獨特處）建立品牌差異化特色。

(七) 會後媒體聯訪或專訪：滿足財經線媒體需求，主要說明展店計畫、預期收益、市場影響等。

七、開幕活動建議

(一) SP 活動建議（由客戶自行執行）

1. 方案一：美味大對決，福袋旺旺來
   消費滿 100 元即可抽福袋。
2. 搭配方案二：一元復始，萬象更新，一哥大請客
   限時限量推出婆婆媽媽一元搶購脆皮饅頭及一哥牛角，創造排隊人潮。

(二) 其他宣傳

1. 建議「加盟」、「活動」訊息 DM 於開幕活動前準備完成，利用新年期間活動人潮較多的機會，提供有興趣民眾索取。
2. 製作周邊活動訊息看板，提前一週置於店面宣傳。

八、臺北加盟展活動建議

(一) 活動時間：109 年 2 月 14 日（五）～2 月 17 日（一）共四日

(二) 活動地點：臺北世貿展覽館主館

(三) 攤位數：6 單位約 10 坪

(四) 活動規劃

1. 媒體活動：規劃公關活動，吸引媒體報導，引發觀展民眾興趣。
2. 拉票活動：拉抬「十大熱門品牌」選票聲勢。
3. 加盟促銷活動：促使民眾填寫加盟意願書。
4. 民眾活動：每日定時小活動，豐富攤位內容，吸引民眾注意。
5. 活動規劃建議一覽表。

日期	2/14（五）	2/15（六）	2/16（日）	2/17（一）
媒體活動 一哥出招，心跳酥軟脆	定點活動			
攤位活動 「一哥鮮烤工房」搶先炮！	10:00 11:00 13:00 14:00 15:00 16:00	13:00 14:00 15:00 16:00	10:00 11:30 13:00 14:00 15:00 16:00	11:00 13:00 14:00 15:00 16:00
民眾活動 黃金賞味新鮮嚐	時間未定	時間未定	時間未定	時間未定
拉票活動 搶救一哥　金牛角挺你！	活動全程	活動全程	活動全程	活動全程
加盟招攬活動 加盟「一哥」前進致富之路	活動全程	活動全程	活動全程	活動全程

(五) 活動內容

1. 媒體活動：一哥出招，心跳酥軟脆

(1) 由展場辣妹與現場民眾吃一哥牛角大對決。

(2) 民眾與辣妹各吃牛角一邊，合力將牛角吃完。

(3) 分組進行比賽吃牛角，限時內吃完最多者可獲得禮物。

2. 攤位活動：一哥鮮烤工房搶先炮

(1) 時間：每日定點。

(2) 由攤位主持人進行加盟系統特色簡介，並進行有獎問答。

3. 攤位活動：加盟一哥，前進致富之路

(1) 時間：活動全程。

(2) 只要於現場填寫加盟意願，即可獲得小贈品。

4. 攤位活動：一哥鮮烤工房黃金賞味試做試吃

(1) 時間：每日之烘焙出爐時間（視客戶展場規劃）。

(2) 由辣妹以及吉祥物繞場，手持鈴鐺吆喝十分鐘後出爐時間，請至攤位品嚐一哥好味道。

(3) 出爐時間提供民眾排隊領取試吃一哥牛角及脆皮饅頭。

(4) 現場也可開放民眾實作體驗。

5. 拉票活動：熱門票選，一哥挺你

(1) 時間：活動全程。

(2) 辣妹十大熱門品牌投票區拉票贈獎。

※記者會可沿用硬體：加盟訊息展板、嚴選食材製作物

九、新聞議題規劃

(一) 財經產業線

1. 嘉新食品開創品牌連鎖加盟體系「一哥鮮烤工房」前景看好。

2. 「一哥鮮烤工房」來勢洶洶，嘉新食品跨足連鎖加盟業。

3. 集團旗下再添生力軍，嘉新食品「一哥鮮烤工房」進軍加盟市場。

4. 創業好時機「一哥鮮烤工房」加盟總部後盾強。

(二) 消費美食線

1. 「一哥鮮烤工房」烘焙新鮮味，休閒點心新選擇。
2. 配麥、配粉、靜置熟成祕方麵粉，創造烘焙好味道。
3. 「一哥鮮烤工房」健康饅牛身體無負擔。

(三) 東森新聞

1. 出機採訪報導二次。
2. 新聞專題操作
   (1) 「一哥鮮烤工房」好滋味祕密大解析。
   (2) 「一哥鮮烤工房」加盟體系後盾實力。

十、預算建議

項目	記者會	費用	備註	加盟展	費用
硬體	舞臺背板輸出 540*240				
	簡易舞臺板設置 540*360*60h				
	燈光／音響				
	接待桌*2／座椅*40				
	活動指示牌				
	活動告示立牌 90*160				
	展覽區大立牌 120*200，4 式				
	加盟訊息看板				
場租加清潔費	巨蛋大廳				
設計費			展場同時運用		
儀式道具	儀式道具設計／製作		開幕道具		
攝／錄影	活動全程（記者＋開幕活動側錄）錄影／剪輯／平面攝影		剪輯製作供展場使用		

項目	記者會	費用	備註	加盟展	費用
主持人	有主持記者會經驗			客戶自備	
辣妹				拉票／攤位活動／Call 客*4 人	
行政雜支	交通／快遞／便當／文具等				
公開服務費用	新聞稿撰寫（2 式）／媒體名單建立／媒體邀請／媒體出席聯繫確認／致詞稿撰寫／新聞資料袋準備／第三單位聯繫／活動企劃／新聞補稿／媒體曝光追蹤／媒體側錄／結案報告				
東森新聞專題	出機採訪報導／新聞專題*2				
合計					
專案優惠價					
總計					

案例 17　某「養生早餐店」企劃案

一、市場分析

(一) 產業分析。

(二) 消費者習性分析。

(三) 產業未來展望與發展趨勢。

(四) 五力分析。

(五) 商圈分析。

二、店鋪資料

(一) 創業動機。
(二) 店鋪品牌。
(三) 組織架構。

三、經營概念分析

(一) 經營特點。
(二) 財務規劃。
(三) SWOT 分析。
(四) 成功機會。

四、店鋪規劃

(一) 店鋪位置。
(二) 開店工作分配。
(三) 店鋪平面圖。
(四) 設備清單。
(五) 品項與材料。

五、經營模式

(一) 採購策略。
(二) 定價策略。
(三) 銷售策略。

六、預期收益

(一) 銷售預測。
(二) 財務報表（損益表）。

案例 18　某加盟創業計畫書

一、加盟總部之分析

(一) 公司簡介
1. 企業沿革。
2. 組織架構。
3. 經營理念。
4. 成功之道。
5. 企業現況。
6. 未來發展。

(二) 經營方式。

二、創業資金來源

(一) 所需創業資金。

(二) 創業資金來源。

三、設定各階段目標

(一) 企劃實施時間計畫。

(二) 營運目標。

(三) 經營方式。

四、財務規劃

(一) 開辦費。

(二) 人事費用。

(三) 營業收入計畫。

(四) 回收期間。

(五) 損益表。

五、經營權模式建立

(一) 經營型態。

(二) 經營團隊。

六、經營風險評估

(一) 整體風險評估。

(二) 加盟休閒小站 SWOT 分析。

(三) 商圈環境 SWOT 分析。

七、結論

附錄一：資料來源。

附錄二：加盟方式簡表。

附錄三：青年創業貸款。

附錄四：產品介紹。

某汽車銷售公司推出「288」中期營運目標企劃案

一、○○年中期「288」營運目標數據意涵

(一) 2：達成顧客滿意度指標（CSI）為業界第二名。

(二) 8：達成營業利益率 8% 提升目標。

(三) 8：達成銷售臺數 8 萬輛目標。

二、去年度上述三項指標總檢討分析

(一) 顧客滿意度。

(二) 營業利益率。

(三) 銷售臺數。

三、達成「288」計畫目標之各項具體策略及做法說明

(一) 達成顧客滿意度 No. 2 之策略及做法說明。

(二) 達成營業利益率 8% 之策略及做法說明。

(三) 達成銷售臺數 8 萬臺之策略及做法說明。

四、「288」專案小組組織架構、分工、執行推動模式及考核工作說明

五、專案小組各重點工作時程表

六、呈請上級支援與決策事項

七、全公司各部門配合事項要求

八、全臺各地區經銷商配合事項要求

九、結論

某汽車集團年營收挑戰 1,000 億之「營運計畫案」

一、本案緣起

二、去年度本集團三大公司營運績效成果分析

三、今年度挑戰集團總營收目標 1,000 億之戰略性意義及方向說明

四、達成集團 1,000 億營收，三大公司之計畫作為說明（個別公司說明）

(一) 銷售臺數目標。
(二) 銷售額目標。
(三) 營運策略方針。
(四) 業務與總經銷商工作計畫。
(五) 廣告工作計畫。
(六) 媒體公關工作計畫。
(七) 新車型研發上市工作計畫。
(八) 公益活動工作計畫。
(九) 服務提升工作計畫。
(十) 組織調整工作計畫。
(十一) 人力資源與培訓工作計畫。
(十二) 資訊工作計畫。
(十三) 零組件工作計畫。
(十四) 生產製造工作計畫。
(十五) CRM 工作計畫。

五、跨公司／跨平臺資源整合政策方針要求原則與具體工作項目說明

六、本專案工作小組組織架構、小組分工及進度檢討說明

七、各項重點工作時程表

八、結論與討論

某藥妝連鎖店新年度業務拓展「營運計畫書」

一、去年業績與同業比較分析

(一) 店數／店效／坪效比較分析。

(二) 營收額／獲利比較分析。

(三) 商品結構比較分析。

(四) 全臺區域性比較分析。

(五) 廣宣投入額比較分析。

(六) 客層／客單價／會員人數比較分析。

(七) 小結：去年度的得與失檢討。

二、今年度營運計畫說明

(一) 營運目標與預算。

(二) 營運方針與營運策略。

(三) 展店計畫。

(四) 商品結構與商品線計畫。

(五) 北、中、南、東地區性計畫。

(六) 全年度促銷計畫。

(七) 全年度廣告計畫。

(八) 全年度媒體公關計畫。

(九) 全年度店改裝計畫。

(十) 價格計畫。

(十一) 會員經營計畫。

(十二) 全年度服務革新計畫。

(十三) 全年度教育訓練計畫。

(十四) 全年度各店業績競賽計畫。

(十五) 薪酬與獎金革新計畫。

(十六) 組織改革計畫。

(十七) 全年度商品採購計畫。

(十八) CRM 資訊應用計畫。

三、今年度力求與第一品牌拉近距離的原則政策說明

四、今年度創造競爭優勢的五項重點要求

(一) 特色商品優勢。

(二) 價格機動優勢。

(三) 廣告有效優勢。

(四) 店數規模優勢。

(五) 促銷活動優勢。

五、今年度行銷費用總預算占營收額比例提升到〇〇%

六、結論

案例 22 某公司週年慶活動「績效檢討」報告書

一、本次週年慶成效檢討

(一) 營收額成效檢討。

(二) 來客數成效檢討。

(三) 客單價成效檢討。

(四) 獲利成效檢討。

(五) 區域性成效檢討。

(六) 會員人數成效檢討。

(七) 投入成本成效檢討。

(八) 小結。

二、本次週年慶各部門動員狀況檢討

(一) 營運單位。

(二) 非營運單位。

三、本次週年慶能夠順利達成原訂目標之原因分析

(一) 促銷活動吸引成功。

(二) 廣告宣傳及公關報導成功。

(三) 異業資源合作成功。

(四) 環境與市場因素。

四、本次週年慶尚待改善的缺失分析

(一) 現場店面缺失。

(二) 行政支援店面缺失。

五、總結論

某媒體購買服務公司對某政府機構所提「媒體宣傳企劃案」

一、宣傳主題規劃說明

(一) 計畫對象。

(二) 計畫目的。

(三) 媒體走期。

二、媒體策略

(一) 保證檔次購買，全面涵蓋重點族群。

(二) 鋪天蓋地，全面滲透，跨媒體整合平臺。

三、置入操作策略

(一) 電視媒體（節目置入，新聞活動）。

(二) 廣播媒體（專訪）。

(三) 網路媒體。

四、預算分配表

(一) 電視媒體。

(二) 其他媒體。

五、傳播對象結構分析

(一) 性別分布。

(二) 年齡分布。

(三) 地區分布。

(四) 媒體目標對象群。

(五) 目標群媒體接觸分析。

六、傳播任務及媒體策略

(一) 傳播任務與媒體目標。

(二) 媒體組合策略。

七、電視媒體分析與建議

(一) 目標群喜愛的電視節目類型分析：性別、地區、地域。
(二) 電視執行策略。

八、無線電視執行策略與建議

(一) 無線電視收視率排行與滲透率分析。
(二) 無線電視涵蓋率分析。
(三) 無線電視執行策略。
(四) 台視專案做法說明。

九、有線電視執行策略與建議

(一) 有線電視目標群收視率分析
1. 以類型區塊。
2. 以性別。
3. 以都會／非都會。
4. 以北、中、南地區。

(二) 有線電視執行策略。

十、電視預算分配表

十一、整體電視走期、素材、波段、預算之執行建議

十二、電視效果預估

(一) GRP。
(二) 每 10 秒 CPRP。

十三、其他媒體執行策略與建議

(一) 交通媒體。

(二) 網路媒體。

十四、廣播執行建議

(一) 媒體目標。
(二) 走期。
(三) 做法。
(四) 預算分配。

十五、網路廣告執行建議

十六、Bee TV 電視廣告執行建議

十七、7-11 收銀臺電視廣告執行建議

十八、計程車貼紙廣告執行建議

十九、公開議題操作

(一) 計畫方向。
(二) 公開對象。
(三) 新聞議題規劃。

二十、演唱會規劃

(一) 活動名稱。
(二) 活動時間。
(三) 活動地點。
(四) 活動轉播。
(五) 活動經費。
(六) 活動展開內容。

某廣告公司對某本土啤酒公司所提新品牌上市的「廣告策略」構想

一、行銷目標

(一) 爭取進口啤酒愛好者，搶占進口啤酒市占率。

(二) 提高品牌知名度與銷售量。

二、目標對象

鎖定進口啤酒族群，Main Target：18～29 歲男性為主（女性為輔）。

(一) 特性說明：他們是一群 18～29 歲年輕人。

(二) 居住在都會區，學歷大部分在專科／大學以上。

(三) 對於啤酒的選擇特別鍾情於進口品牌。

(四) 認為國外品牌能襯托出個人的品味、國際感及年輕流行的形象。

(五) 喝酒時的心情及情境是他們頗在乎的。

(六) 喜歡聽音樂、上網、看電影。

(七) 對新產品接受度頗高，口碑對他們來說還滿重要的。

(八) 上市初期稍加觀察後，如周遭有 1～2 位朋友購買，就會放心選購。

三、目前面臨的課題及因應對策

(一) 溝通最大障礙點

1. 口感優勢勝出其他進口品牌。
2. 惟現有包裝命名頗具本土形象。
3. 對進口啤酒族群吸引力較弱。

(二) 首要因應策略

塑造國際化之品牌形象，吸引時尚年輕族群的青睞。

四、廣告任務

(一) 上市初期建立「金牌王台灣啤酒」品牌知名度。

(二) 賦予「金牌王台灣啤酒」國際感、年輕化及有品味的品牌個性。

(三) 強化「金牌王台灣啤酒」好喝的核心價值。

(四) 思考主軸

1. 如何獲得目標對象對本品牌的信任？
2. 如何讓目標對象認知到本品牌是與他們同一陣線的？

五、產品核心價值

(一) 「○○○啤酒」精心特選頂級芳香啤酒花，萃取第一道麥醪提煉12°P 精醇麥汁，所以特別好喝，更加順口甘醇，堪稱台灣啤酒系列中最頂級、最優質的啤酒。

(二) 支持點

1. 特選優質麥芽、蓬萊米。
2. 承襲世界評選會金牌釀造技術。
3. 頂級芳香啤酒花——SAAZ HOP 為原料。
4. 萃取第一道麥醪提煉 12°P 精醇麥汁，泡沫細緻。
5. 口感芳香甘醇，入喉後有順口的回甘味。

六、廣告策略

(一) 尋找情境、時機、理由，拉抬形象層次。

(二) 宣傳核心概念：「○○○品牌」好喝到值得 Do Something……。

(三) Tone & Manner：輕鬆自在的、幽默風趣、聰慧的。

某電視公司委託市調公司提出如何「提升收視率」研究企劃案綱要

一、研究背景

二、研究目的

(一) 了解收看新聞頻道行為。

(二) 各新聞頻道品牌形象評價與定位。

(三) 新聞頻道吸引力因素。

(四) 頻道低偏好度探討。

(五) 頻道修正建議。

三、研究規劃（採質化研究，FGD；焦點座談會）

場次規劃	16 groups
研究方法	質化研究，焦點群體討論（Focus Group Discussion; FGD）
研究對象	18～50 歲三大都會區民眾、本人或家人未在相關行業工作，有每天看電視新聞習慣者【50%↑時間看固定頻道者】
分組條件（三大地區）	主要目標：最近三個月流失用戶 臺北八場（藍綠各一場），臺中及高雄各四場（藍綠混合），各場次男／女各半 I. 流失用戶—學生族群（18～24 歲）18～20 歲：21～24 歲＝4：4 II. 流失用戶—未婚族群（25～35 歲）25～29 歲：30～35 歲＝4：4，白領：藍領／待業＝4：4 III. 流失用戶—已婚族群（36～50 歲）兩代家庭：三代家庭＝4：4 IV. 流失用戶—銀髮族群（51～60 歲）51～55 歲：56～60 歲＝4：4
地區場次	臺北：臺中：高雄＝8：4：4

調查人數	N = 128（臺北：臺中：高雄 = 64：32：32）
研究素材	會前作業、事前問卷、有線電視新聞頻道 Demo（TV）
會議地點	專業座談會會議室（臺北總公司、臺中分公司、高雄分公司）
會議時間	120～150 min/group（報到—0.5 小時，FGD—2～2.5 小時）
篩選過濾	設計「半結構式過濾問卷」由全職專案督導負責過濾篩選 I. 個人基本資料背景篩選（性別／年齡／婚姻／家中人數／小孩人數／學生／學校／職業／政黨／個人月收入） II. 新聞收看行為資料（是否固定收看新聞頻道、收看時段、最常收看頻道、收看頻道決策者、最近三個月有無轉換新聞頻道行為） III. 人格特質（七項人格特質指標：檢測受訪者團體發言主動性與意願）
審核邀約	針對符合條件報名者，進行資格審核並篩檢本公司曾經與會者資料庫，最近一年內未參加過座談會者，始可參加
放線管道	I. 網路／BBS，E-mail II. 座談會資料庫，訪問員資料庫，人員介紹網 III. Call Out 陌生拜訪
放線資料	僅告知受訪者各場次：性別／年齡條件，其餘條件不予告知合格者：報名者須通過「過濾問卷」三階段內容者，並符合各場次設定條件者
會前作業	由專案主管篩選合格者（約 12～14 位／場），經客戶過目篩選合格後，邀請 12 位／場，由傳令指派會前作業（日誌 & Collage）填寫，並作答會前作業於會議前交付（E-mail 或 FAX），彙整後於會中提出討論

四、研究內容（焦點座談會，Focus Group Discussion, FGD）

(一) 主持人開場及受訪者自我介紹。

(二) 電視新聞收看選臺行為，深入了解：

1. 轉臺行為。
2. 換頻後，收視行為。

3. 遙控選臺行為。
4. 最常收看頻道。
5. 頻道特色與優點。
6. 頻道負面評價與缺點。

(三) 各新聞頻道品牌形象，獲知：
1. 品牌形象差異。
2. 市場定位／區隔。
3. 族群輪廓。
4. 品牌定位（Brand Position）。

(四) 新聞頻道吸引因素，獲知：
1. 新聞頻道理想特性。
2. 主播偏好。
3. 新聞風格偏好。
4. 新聞內容偏好。
5. 修正新聞策略（Modify Strategies）。

(五) 現場新聞頻道 Demo，獲知：
1. 新聞頻道理想特性。
2. 主播偏好。
3. 新聞風格偏好。
4. 新聞內容偏好。
5. 修正新聞策略（Modify Strategies）。

(六) 流失收視戶原因探討、洞悉：
1. 流失戶轉換因素。
2. 負面事件影響力。
3. 改善缺點（Improve Weak）。

五、研究時程（Research Schedule）

座談會場次	16 groups
專案企劃書確認	---
座談會前置討論作業	4 days
座談會受訪者招募與過濾	14 days
受訪者確認與會前作業交付	3 days
座談會召開	9 days
記錄謄寫與資料分析	5 days
中文報告撰寫	7 days
Total	42 days

六、研究預算（Research Budget）

場次規劃	16 groups	備註欄
專案規劃與設計費用	$—	含討論大綱、過濾問卷、會前作業設計
受訪者招募與過濾費用	$—	各場次招募 12 人進行會前作業
會議場地與設備費用	$—	含 DVD 錄影、數位錄音筆錄音
車馬費用	$—	含未進場、會前作業補助費用
接待服務與餐點費用	$—	報到區與客戶區接待服務（含餐點飲料）
記錄費用	$—	Word 電子檔（表格式）
主持費用	$—	各場次主持與會後討論
報告（中文）撰寫費用	$—	PowerPoint 電子檔，含一次專業簡報
雜項費用	$—	含快遞、工作人員（住宿、交通）等費用
稅前小計	$○○○○	
稅後總計	$○○○○	
平均單場費用	$○○○○	（$/group）

註：

1. 若需要英文報告或兩次以上簡報，則費用另計（英文報告 $30,000，簡報 $10,000／次）。
2. 上述費用含提供三份彩色中文報告與資料光碟一片，若需要加印報告，則費用另計（彩色報告 $1,500／本）。
3. 專案結束，本公司將提供「DVD／VHS／數位聲音檔／記錄／報告／會前作業／參加者資料」等專案資料。

七、附件

場地設備介紹：目前臺灣最專業座談會場地設備全臺標準化設備。

(一) 四臺隱藏式彩色攝影機。

(二) 大面積單面鏡（240*120 cm）。

(三) 沙發型會議室（可容納 8～10 人）。

(四) 數位錄音檔案。

(五) VHS 或 DVD。

(六) 茶水點心服務。

(七) 同步翻譯設備。

(八) 大面積白板（240*120 cm）。

(九) 專業觀察室。

(十) 提供座位圖與參加者名單。

(十一) 中文現場會議記錄。

某廣告行銷研究公司對某電視購物所做「品牌查核檢驗」（Brand Audit）研究報告結果大綱

一、為什麼要做這個調查

(一) 檢驗現況。

(二) 規劃未來。

二、我們如何做這個調查

(一) 運用奧美品牌檢驗與品牌掃描工具。

(二) 以八場消費者座談會小組討論（FGD）。

三、品牌檢驗是什麼？

四、品牌檢驗基本架構

(一) 品牌聯想。

(二) 品牌獨特點。

(三) 經驗與情感。

(四) 品牌 DNA。

五、奧美品牌資產羅盤圖的六大面向

(一) 產品是否增強品牌內涵與價值（Product）。

(二) 形象好壞強弱（Image）。

(三) 社會對它的認可與好感（Goodwill）。

(四) 致力於保養及打造消費者忠誠度（Customer）。

(五) 賣場的硬體與服務（Channel）。

(六) 清楚而一致的識別系統（Visual）。

六、檢驗品牌的現況

(一) 品牌聯想的結果（略）。

(二) 美好的○○○購物經驗（會員組）

1. 貼心服務。
2. 誠實不欺。
3. 有紀念性的溫馨禮物。
4. 負責與關心。

(三) 不好的○○○購物經驗

1. 送退貨較沒效率。
2. 嚴選不夠嚴謹。
3. 購物專家說法誇張。
4. 選貨不貼心。

七、給○○○購物打分數——服務滿意，但產品品質控管待強化

八、一路走來○○○購物——品牌形象加分，但產品品質待強化

九、進步與退步

(一) 品牌。
(二) 商品。
(三) 節目。
(四) 服務。

十、○○○購物節目的魅力之處

十一、對○○○購物節目的改進與建議

(一) 頻道節目。
(二) 產品。
(三) 誠懇。
(四) 專業。

十二、○○○購物品牌擬人化——主要來自購物專家的形象

十三、○○○購物不可少的元素

十四、與其他電視購物品牌比較，〇〇〇購物遙遙領先

(一) 東森購物。

(二) 富邦 momo。

(三) 中信 ViVa。

(四) 森森 U-Life。

十五、〇〇〇購物與實體通路的競爭分析

(一) 百貨公司。

(二) 大賣場。

十六、品牌檢驗的結論

(一) 〇〇〇購物的品牌？

(二) 〇〇〇購物的品牌核心：輕鬆、有趣、專業。

(三) 〇〇〇購物六大面向的品牌檢視：

1. 產品檢視。
2. 形象檢視。
3. 顧客檢視。
4. 通路檢視。
5. 視覺檢視。
6. 聲譽檢視。

十七、探索品牌未來

電視購物的核心魅力在哪裡？

十八、電視購物四大魅力：輕鬆＋划算＋有趣＋新奇

十九、潛在／不活躍顧客進入電視購物的障礙為何

二十、消費者想／不想在電視購物購買的品類為何

二十一、消費者對〇〇〇購物的需求與期待

(一) 購物更優惠。

(二) 服務更周全。

(三) 商品更多元。

(四) 節目更專業互動。

二十二、對〇〇〇購物廣告的發現

二十三、訴求〇〇〇購物的新角度

二十四、當個真正的 Shopping King 及 Shopping Queen

二十五、購物的 Discovery 頻道

二十六、探索品牌未來的結論

(一) 如何增加對產品品質的信賴感。

(二) 如何為〇〇〇購物增加新鮮。

(三) 傳播上的學習：

1. 有效的廣告投資量。
2. 建立品牌。

(四) 未來傳播上的四個層級建議：

1. 活動、促銷優惠、會員活動。
2. 給電視購物新的魅力。
3. 增加商品品質的信賴感。
4. 品牌形象。

(五) 持續累積品牌資產：專業、輕鬆、有趣、可靠。

第3篇

行銷企劃全文實務案例

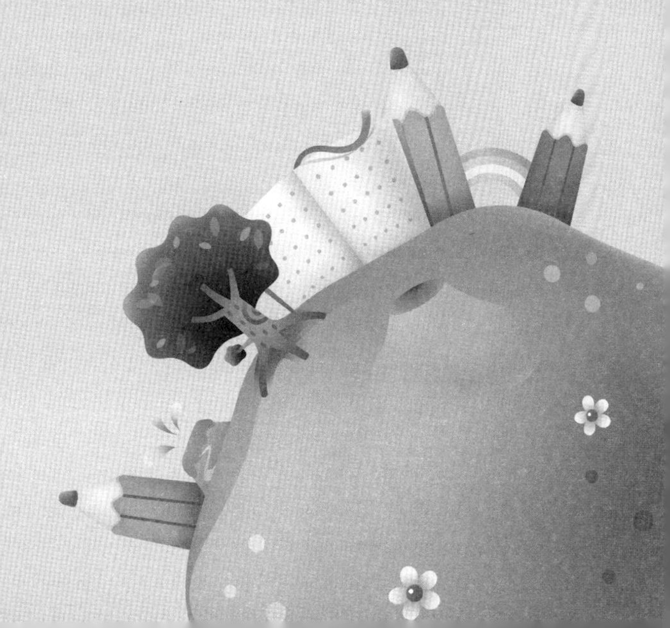

智冠科技公司「魔獸世界」行銷企劃執行狀況報告案360度市場行銷宣傳策略企劃——魔獸世界

一、魔獸世界市場行銷策略宣傳

	封閉測試時期	開放測試時期	開站+3個月	開站+6個月	開站+12個月
行銷項目	在電視線上、遊戲節目中預告 在報紙上宣布網站活動 遊戲網站廣告、雜誌廣告 戶外活動	記者會 電視廣告 名人代言促銷 報紙宣告 網站活動 遊戲網站活動 雜誌廣告 特別活動 共同促銷	電視廣告 戶外活動 報紙宣告 網站活動 遊戲網站活動 雜誌廣告 特別活動 共同促銷	報紙宣告 網站活動 遊戲網站活動 雜誌廣告 特別活動 共同促銷	報紙宣告 網站活動 遊戲網站活動 雜誌廣告 特別活動 共同促銷
（預計普及族群比率）					
魔獸爭霸的玩家	80%	90%	94%	97%	99%
暴風雪其他遊戲的玩家	80%	90%	94%	97%	99%
其他線上遊戲玩家	70%	90%	94%	97%	99%
其他未接觸線上遊戲族群	0%	25%	35%	55%	65%

二、魔獸世界上市行銷預算表

	封閉測試時期		開放測試時期		開始收費	
	花費（NTD$）	百分比	花費（NTD$）	百分比	花費（NTD$）	百分比
文宣	○○○	0.22%	○○○	2.37%	○○○	2.38%
網路行銷	○○○	0.16%	○○○	0.16%	○○○	3.23%
電視廣告	○○○	1.61%	○○○	5.38%	○○○	10.75%
廣播廣告	○○○	0.16%	○○○	0.38%	○○○	4.30%
戶外看板	○○○	1.08%	○○○	5.38%	○○○	8.60%
促銷活動	○○○	0.16%	○○○	1.24%	○○○	5.38%
異業合作	○○○	2.15%	○○○	6.45%	○○○	8.60%
媒體見面會	○○○	1.08%	○○○	1.08%	○○○	5.38%
商品展覽會	○○○	1.61%	○○○	3.76%	○○○	6.45%
其他行銷活動	○○○	1.08%	○○○	1.08%	○○○	5.38%
預計總額	8,650,000	9.31%	25,350,000	27.28%	59,000,000	60.45%

註：資料時間為○○○年7月～○○○年12月。

三、魔獸世界電視廣告影片

魔獸廣告——開戰篇

在魔獸世界上市前先以廣告炒熱，提高玩家期待度。

魔獸廣告——紀錄篇

以魔獸世界紀錄打廣告，吸引還在觀望的遊戲玩家加入。

魔獸廣告——燃燒的遠征

以魔獸世界知名角色——伊利丹，吸引更多的遊戲玩家加入。

* 影片為美方製作、臺灣剪接，製作費一支約為○○○萬美元，剪接則每支約須耗費○○○萬臺幣。

四、360 度行銷策略

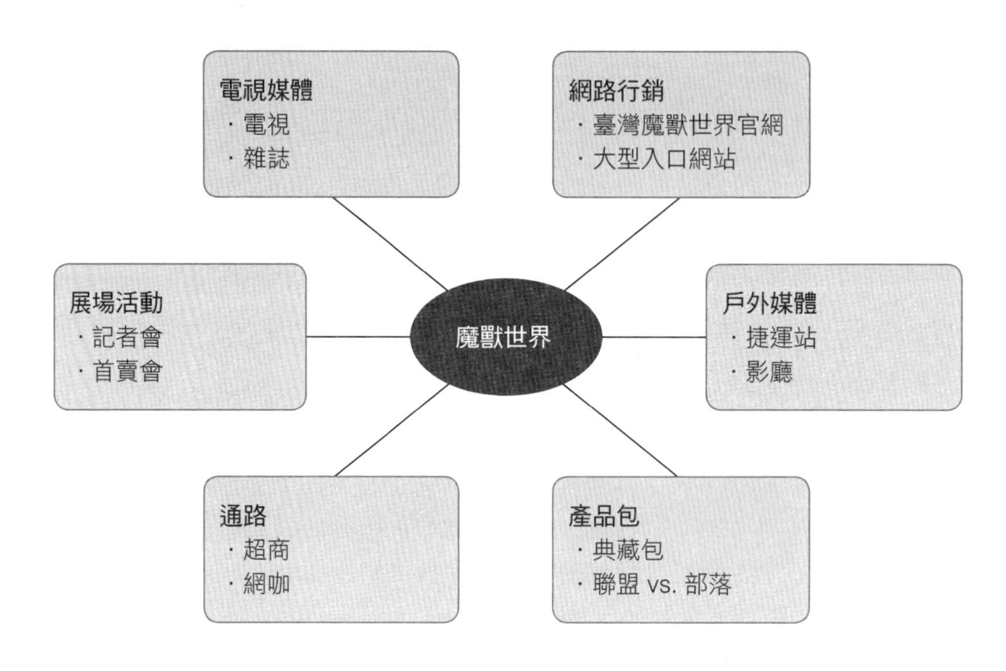
電視媒體
・電視
・雜誌
網路行銷
・臺灣魔獸世界官網
・大型入口網站
展場活動
・記者會
・首賣會
魔獸世界
戶外媒體
・捷運站
・影廳
通路
・超商
・網咖
產品包
・典藏包
・聯盟 vs. 部落

雜誌
電視廣告
公車
廣告行銷
報紙
戶外

五、魔獸世界上市網咖布置廣宣

六、立牌廣告

七、戶外廣宣

公車站牌廣告

八、大型異業合作

與宏碁、華碩、英特爾品牌結盟，推出魔獸專用機，打品牌廣告

品牌行銷

與 7-11 一同推出魔獸 icash 卡，互相增加品牌及遊戲知名度

異業結盟

魔獸世界上市行銷活動

多力多滋的異業合作，包裝使用魔獸世界的圖案，內含魔獸世界的試玩帳號以及贈品

製造結盟

玩家忠誠度

魔獸專車活動行銷
將大客車改裝成為魔獸試玩公車，開進校園來針對學生主要族群做試玩行銷

九、魔獸世界與異業合作之行銷大事紀

合作夥伴	合作項目
2005	
1. 出版社（EZ play、壹週刊、遠見、天下、商周、遠流等）	WOW 社群、WOW 線上活動、造勢活動報導
2. 運動新聞報紙（全國主要媒體）	WOW 報導
3. 麥當勞、漢堡王、多力多滋	記者會、WOW 套餐、WOW 包裝
2006	
1. 可口可樂	記者會、WOW 特別包裝瓶、罐（銷售量上升 50%）
2. 7-11	記者會、WOW icash 卡
3. 行動電話製造商——摩托羅拉	WOW 電話
4. 電腦製造商——宏碁、華碩	記者會、WOW 紀念機種
5. 英特爾，顯示卡製造商	記者會、WOW 試玩巴士；WOW 多隊比賽（於京華城決賽）、WOW 全面行銷
6. 全國各網咖連鎖店	WOW 專區、試玩區、WOW 小天使
2007	
1. 統一企業	純喫茶包裝、滿漢大餐速食麵系列、電視、平面廣告
2. 今日影城	全面 WOW 曝光（影片、立牌、紀念品等），置入性行銷
3. 信用卡發卡銀行	WOW 聯名卡（洽談中）
4. 歌手 & 電視節目	置入性行銷（洽談中）

十、異業合作：與可口可樂合作案

1. 使可樂品牌年輕化
2. 增加可樂銷售量
3. 使可樂銷售量達到當季最高

目標顧客群：
13～19 歲青少年族群（主要）
20～29 歲年輕族群（次要）

與 Blizzard 研發的世界頂尖線上遊戲魔獸世界合作，使品牌形象年輕化	透過主要訊息傳達，加強與青少年族群的連結	透過促銷活動刺激銷售量	獨特設計的通路文宣，以吸引各通路消費者的目光焦點
‧品牌形象結合的電視廣告 ‧可樂官網 ‧魔獸世界官網 ‧瓶身外包裝設計使用魔獸肖像	‧創新媒體混合使用（電視／網路／活動／平面） ‧獨家獎項 ‧筆記型電腦（虛擬寵物） ‧瓶身包裝 ‧其他促銷	‧開蓋得獎 ‧魔獸肖像系列包裝設計	‧通路文宣點：網咖、主題樂園、量販店、超市、軍公教、零售店及超商通路 ‧WOW 周邊

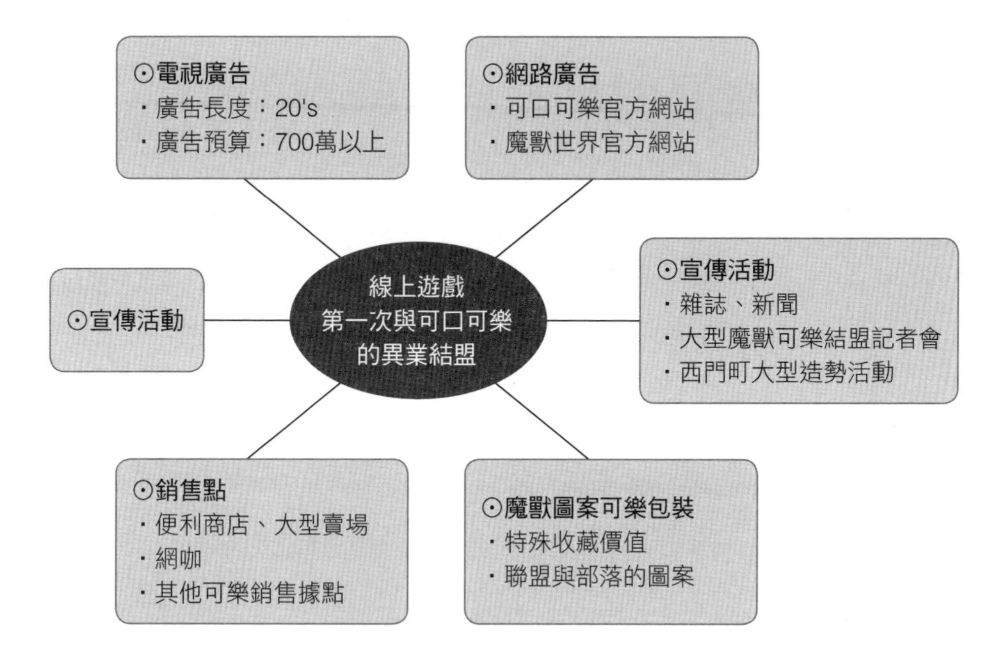

合作大綱

1. 活動方式

   ・開蓋得獎：獎項（筆記型電腦、虛擬寵物、14 天 60 小時體驗啟動帳號及再來一罐）直接印在瓶蓋內。

   ・通路：所有販售可樂的通路，包含超商、超市、量販店、軍公教、網咖等通路點，搭配 WOW 贈品做通路促銷。

2. 品項

   ・參與品牌 & 產品。

	可樂	健怡	雪碧	芬達橘子口味	芬達蘋果口味
600 ml	✓	✓	✓	✓	✓
2 L	✓	✓	✓	✓	✓
1.25 L	✓				
10 oz.	✓				

註：瓶身有不同魔獸的人物圖案。

- 活動商品數量。
- 總數量：魔獸肖像及活動訊息，獎項瓶身數量 27,353,986 瓶。
- 獎項。

100 臺聯想筆記型電腦	8,888 個魔獸虛擬寵物：魚人寶寶	1,000,000 份 60 小時魔獸體驗啟動帳號	1,000,000 瓶再來一罐

3. 活動計畫

⊙**重要訊息**
- 開金蓋，得大獎
- 免費魔獸世界點數
- 獨家虛擬寵物
- 聯想筆記型電腦
- 可樂、雪碧再來一罐

⊙**瓶身訊息**
- 大獎
- 開蓋得獎
- 獎項訊息
- 促銷截止時間
- 活動客服專線
- 活動網頁

⊙**瓶蓋獎項訊息**
- 聯想 N100 筆記型電腦一臺
- 魔獸世界魚人寶寶虛擬寵物一隻
- 魔獸世界 60 小時體驗啟動帳號
- 免費雪碧 600 ml 寶特瓶一瓶
- 免費可口可樂 355 ml 易開罐一罐
- 謝謝再試試好手氣

4. 活動計畫分析

⊙**重點元素**
- 魔獸世界與可口可樂本身的品牌形象——魔獸世界特色及可口可樂商標的呈現
- 可口可樂金瓶蓋——開金蓋，獎獎好
- 豐富大獎——以精確的文字及高解析度的圖像呈現
- 加強品牌印象，並且加入更多可以讓人覺得 WOW 的元素，以及備案的細節
- 設計重點（開放性的議題）：魔獸特色的使用

⊙設計策略
- 創造——魔獸世界的情節，進一步加強非玩家對魔獸的了解
- 與魔獸世界的劇情連結，完成可樂罐上所賦予你的任務以贏得幸運籤

⊙誘因
- 2 臺聯想筆記型電腦
- 100 本魔獸世界地圖集
- 3,000 份魔獸世界體驗帳號
- 300 箱 355 ml 可口可樂

⊙網路廣宣
- 雅虎奇摩首頁 Banner
- 與年輕族群的部落格網站結合
- 智冠科技首頁廣宣
- 會員電子報／BBS

十一、媒體規劃——電視廣告

(一) 目標族群：15～34 歲男性、25～44 歲男性、15～34 歲女性。

(二) 目標：大眾收視

看到一次廣告的主目標族群達成率 70%。

看到二次廣告的主目標族群達成率 60%。

主題	排程	素材內容
產品包上市	7 天	25 秒
免費暢玩訊息	3 天	5 秒
2.0 免費體驗	10 天	20 秒
2.0 開戰（保留）	7 天	20 秒

十二、雜誌文宣規劃

刊登日期：

1. 醞釀期廣告：上市前。
2. 產品廣告：上市後。

自家雜誌
e-play
外家雜誌
密技吱吱叫
電腦玩家＋祕笈總動員
網路玩家
GAME Q
密技大補帖

十三、雜誌文宣排程

出刊日	雜誌名稱	刊登頁數	單價	備註
2月15日	密技吱吱叫	2	1	跨
2月15日	GAME Q	2	1.1	跨
3月1日	e-play	2	1.2	跨
3月1日	網路玩家	2	1	跨　封面邊條
3月1日	電腦玩家	2	1	跨
3月1日	密技大補帖	2	1	跨
3月15日	密技吱吱叫	2	1	跨
3月15日	GAME Q	2	1.1	跨
3月30日	密技吱吱叫特刊	2	1	跨頁產品1　封面（暫）
4月1日	e-play	2	1.2	跨頁產品1　封面
4月1日	網路玩家	2	1	跨頁產品1
4月1日	電腦玩家	2	1	跨頁產品1　封面
4月1日	密技大補帖	2	1	跨頁產品1　封面
4月15日	密技吱吱叫	2	1	跨頁產品1　封面（暫）
4月15日	GAME Q	2	1.1	跨頁產品1　副封面
5月1日	e-play	2	1	跨頁產品2

出刊日	雜誌名稱	刊登頁數	單價	備註
5月1日	網路玩家	2	1	跨頁產品2 封面邊緣
5月1日	電腦玩家	2	1	跨頁產品2
5月1日	密技大補帖	2	1	跨頁產品2
5月15日	密技吱吱叫	1	1	單頁產品2
5月15日	GAME Q	1	1.1	單頁產品2
6月1日	e-play	2	1.2	跨頁產品2
6月1日	電腦玩家	1	1	單頁產品2

十四、媒體規劃——公車

目標：北中南主要商圈、商辦上班族及學生等主目標族群宣傳魔獸世界。

媒體	內容／商圈	版面
大臺北公車車側	民生商辦、南京商辦、敦化商辦、忠孝商辦、信義商辦、中山北商辦、松江新生商辦、承德商辦、民權商辦、基隆路商辦、信義世貿商辦、瑞光路辦公大樓、南港軟體工業園區、東方科學園區、臺北車站商辦、三重湯城科技園區、林口工業區、華亞科技園區、土城工業區	滿版77面 車背20版
大臺北公車內電視廣告	每天18小時，每小時2檔，每週252檔次	
臺中公車車側	一廣商圈、新光商圈、一中商圈、逢甲商圈、德安商圈、美術館、SOGO商圈、博館商圈、中興商圈、北新商圈、新民商圈、東海商圈、朝馬商圈、精明一街示範商圈、師範商圈、東海商圈	滿版22版
高雄公車車側	遠東百貨、六合夜市、新光三越百貨、漢神百貨、三多圓環、高雄火車站商圈、大立伊勢丹百貨、城市光廊、大統百貨、火車站站前、屏東太平洋	滿版26版

十五、媒體規劃——捷運

目標：主要捷運轉運站壁貼宣傳，再配合動畫播放，加深大眾印象。

地點	媒體	排程
捷運全站（2006 年平均人潮：〇〇〇〇萬／月）	播放動畫（1 小時 6 檔，6:00～24:00）	約兩個月

捷運月臺電視：

臺北捷運，62 站月臺。

每月臺裝設 2～12 個不等的電漿電視。

42 吋→ 212 片／50 吋→ 58 片。

總計裝設 270 個電漿電視。

媒體	秒數	播出週數	檔次
捷運月臺電視	30	25 天	1,008 檔／週，1 小時 6 檔

十六、媒體規劃——商業大樓廣告

目標：北中南年輕上班族，集中玩家目光，宣傳魔獸世界。

項目	內容	播出時間	每日檔次	一週總計
1. 高級商務大樓電梯電視聯播網（共 471 棟大樓）	免費暢玩 30 秒	15 檔／時每天 8:00 ～ 20:00 共 12 小時／天	180 次	1,260 次
2. 高級商務大樓電梯電視聯播網（共 226 棟大樓）	免費暢玩 30 秒	5 檔／時每天 8:00 ～ 20:00 共 12 小時／天	60 次	420 次
3. 高級商務大樓電梯電視聯播網（共 471 棟大樓）	正式開戰 30 秒	15 檔／時每天 8:00 ～ 20:00 共 12 小時／天	180 次	1,260 次
4. 高級商務大樓電梯電視聯播網（共 226 棟大樓）	正式開戰 30 秒	5 檔／時每天 8:00 ～ 20:00 共 12 小時／天	60 次	420 次
檔次總計			3,360 次（30 秒廣告）	

十七、臺北地下街文宣規劃

(一) 目的

因應 4 月分魔獸世界《燃燒的遠征》上市，宣傳檔期均由 4 月分開始造勢，故希望於臺北地下街及市民大道上的 13 幅輸出圖露出。加上客運於臺北地下街六號出口處，加上捷運和火車的人潮，可達到極佳的宣傳效果。

(二) 地點：臺北地下街

臺北地下街文宣			
品名	北區	中區	南區
菊全海報	500 張		
施工海報	1 張		
出入口輸出圖	13 張		
天花板吊飾廣告	140 張		

十八、地下街文宣示意圖

市民大道帆布輸出圖 13 張

天花板吊飾廣告 140 張

菊全海報 500 張

十九、光華商場文宣規劃

(一) 目的

光華商場為臺北的電子資訊重鎮，由於業務單位的長久經營，因此爭取到天花板吊飾文宣，希望於 4 月分開始做魔獸世界《燃燒的遠征》宣傳，為遊戲爭取到最大成效。

(二) 地點：光華商場

二十、大型入口網站廣宣計畫總表

網站	對象	執行方式
Yahoo!	泛網路族群	以故事架構塑造出新聞話題，全球 850 萬人共同的期待，只為了歐美耗時一年最強「動畫」巨作！4 月分，魔獸世界的鐵騎即將侵略來臺，只為了《燃燒的遠征》。※ 前四天以新聞方式導入行銷，紅衫軍退去，隨之而來的是 800 萬的大軍，為了《燃燒的遠征》。歐美耗時一年媲美迪士尼最強巨作，讓您動畫搶先看！ ※ 後三天以《燃燒的遠征》動畫為主軸，再搭配改版專區作為行銷
遊戲基地	網路遊戲族群	在網路遊戲族群方面，針對許多已封頂，導致許多玩家漫長的等待，造成玩家的流失，此次將會加強網路遊戲族群、改版遊戲畫面與相關資訊的廣宣，以提高舊有玩家的回流及新遊戲玩家的加入，要在網路遊戲族群方面，營造出唯有魔獸世界無法超越的氣勢。※ 蓋臺以前三天及後一天為主，告訴所有的遊戲玩家，世界第一魔獸世界即將改版，而且有免費十天試玩
巴哈姆特	網路遊戲族群	

註：透過統一數網採購，比直接跟 Yahoo 購買廣告還要便宜。

二十一、網路行銷時程表

網站	對象	廣宣時段
1. Yahoo!	泛網路族群	改版前一個禮拜進行廣宣，共兩個星期
2. 遊戲基地	網路遊戲族群	改版前一個禮拜進行廣宣，共兩個星期
3. 巴哈姆特	網路遊戲族群	改版前一個禮拜進行廣宣，共兩個星期
4. 線上影音平臺	泛網路族群	拿到改版動畫後，與其他平臺同步廣宣

《燃燒的遠征》——網路行銷廣宣時程

2007 年三月																				2007 年四月																
12	13	14	15	16	17	18	19	20	21	22	23	24	25	26	27	28	29	30	31	1	2	3	4	5	6	7	8	9	10	11	12	13	14	15	16	17
一	二	三	四	五	六	日	一	二	三	四	五	六	日	一	二	三	四	五	六	日	一	二	三	四	五	六	日	一	二	三	四	五	六	日	一	二
行銷與廣宣方式定案								產品包上市合併間服器														燃燒的遠征上線														
Yahoo! 簽約／敲定版位								開放下載點開機暴風前夕上線														免費 OB 體驗開始														
		提供母片給下載點廠商																																		
							美編設計完成 VUG 審稿																													
					暴風前夕改			產品包＋改版				暴風前純喫茶燃燒的遠征燃燒的遠征燃燒的遠征＋免費體驗																			免費燃燒年約不定期宣傳					
遊戲遊戲															純喫茶																					
巴哈姆特						年約						年約							專案														年約			
預算規劃						連到暴風前夕改版專區連到暴風前夕改版專區連到燃燒的遠征改版專區連到免費試玩																									連到燃燒的遠征改版					
連結位置								連到簡易首頁						純喫茶					連到燃燒的遠征改版專區												連到免費試玩					
Yahoo!								產品包＋改版							燃燒的遠征燃燒的遠征　倒數燃燒的遠征＋免費體驗																					
預算規劃								06年專案								專案																				
連結位置								連到簡易首頁									連到免費試玩				連到免費試玩															
																			連到燃燒的遠征改版專區																	

二十二、Yahoo! 廣宣版位規劃

版位	規格	廣宣期間
首頁／影音雙星特效廣告	350*200／30 秒	1（天）
首頁／影音雙星特效廣告	「首頁／420*200 flash 30K（閃動 10 秒靜止）420*80 10K（Flash and Gif）」	1（天）
首頁／黃金鏈結	12 字	1（週）
新聞首頁大畫面互動版位	300*250, gif20k/flash30k	1（週）
新聞全站互動版位	300*250, gif20k/flash30k	1（週）
遊戲首頁 Banner 刊頭	950*315 10 秒／950*90 5 秒	2（天）
遊戲首頁直立大看版	240*400, gif20k/flash	7（天）
遊戲內頁（廠商首頁）直立大看板	240*400, gif20k/flash	7（天）
目前所有版位都為暫定，將會視實際洽談狀況、活動日期搭配相關版位做適當調整		

二十三、遊戲基地廣宣版位規劃

	版位	規格	廣宣期間
首頁	全站蓋臺	800*600／20 秒	4（天）
首頁	150*60	4（週）	
討論版內頁摩天樓	160*600	1（週）	
以上版位，不包含預計 2.0 活動版位。2.0 活動目前還在與對方洽談中			

二十四、巴哈姆特廣宣版位規劃

	版位	規格	廣宣期間
首頁	全站蓋臺	800*600.20 秒	4（天）
討論區內頁看板	468*60	1（週）	
首頁	焦點宣傳	760*120 → 760*50	6（天）
首頁黃金看板廣告	145*110	1（週）	
以上版位，不包含預計 2.0 活動版位。2.0 活動目前還在與對方洽談中			

二十五、【魔獸世界】7-11 通路活動規劃

(一) **活動名稱**：魔獸世界好康多多，還送你免費暢遊！

(二) **活動時間**：三個月

(三) **活動方式**：

凡於 7-11 購買魔獸世界《燃燒的遠征》產品包＋魔獸世界點數卡，憑發票即可上魔獸官網登錄發票號碼（同一張發票），參加好禮抽獎。有機會獲得魔獸世界華碩專屬筆記型電腦、虛擬寶物及免費暢遊魔獸世界喔！

(四) **智凡迪活動宣傳**

1. 魔獸世界官網公告。
2. 魔獸世界官網看板。
3. 魔獸世界官網活動網頁製作。
4. 雜誌活動訊息露出。
5. 活動魔獸限量精美贈品提供。
6. 圖像授權提供。
7. 文宣設計及製作。

(五) **7-11 文宣檔期：一個月**

1. 後櫃檯看板。

2. 壓克力資訊架背板。
3. 壓克力陳列位置。
4. 壓克力陳列位置插卡。
5. 資訊架看板。

(六) **獎項設定**

獎項	數量
魔獸世界華碩筆記型電腦	2 名
《燃燒的遠征》典藏版月卡＋虛擬寶物	175 名
魔獸世界免費暢遊 3 個月	10 名
魔獸世界免費暢遊 1 個月	20 名

案例2 ○○房屋仲介○○年電視廣告購買計畫

看見房子的真價值
Real value

節目類型購買設定

- 新聞節目65%
- 戲劇節目13%
- 綜合節目22%

3

看見房子的真價值
Real value

目標群頻道收視率

4

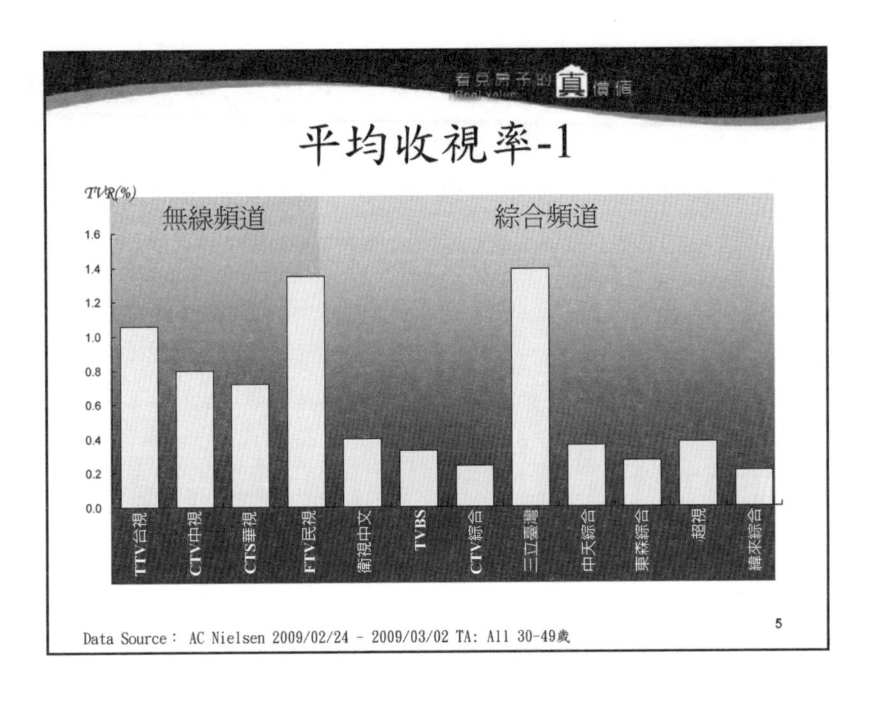

看見房子的真價值
平均收視率-1
TVR(%)
無線頻道
綜合頻道
1.6
1.4
1.2
1.0
0.8
0.6
0.4
0.2
0.0
TTV台視
CTV中視
CTS華視
FTV民視
衛視中文
TVBS
CTV綜合
三立臺灣
中天綜合
東森綜合
超視
緯來綜合
Data Source： AC Nielsen 2009/02/24 - 2009/03/02 TA: All 30-49歲
5

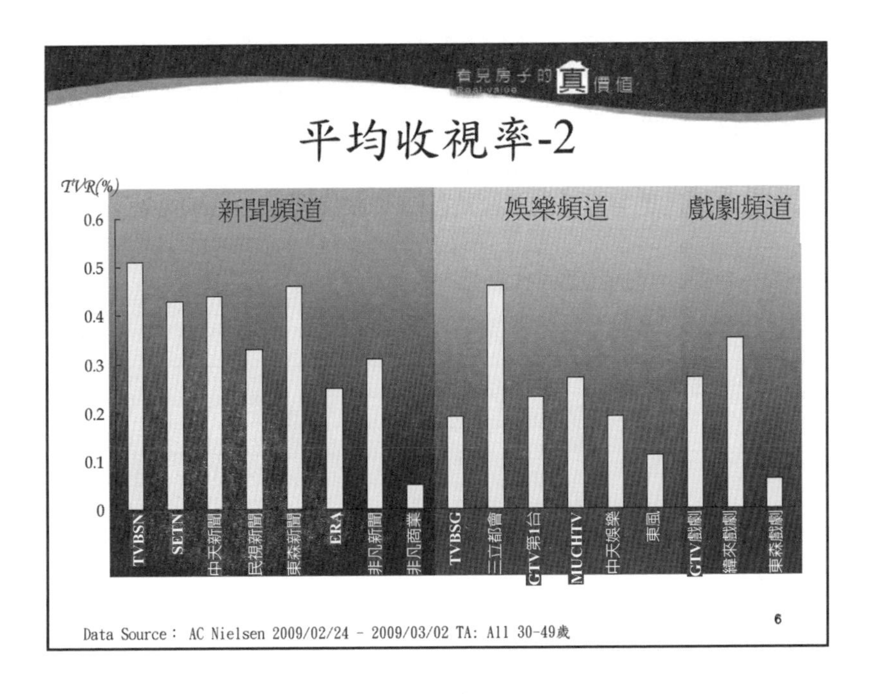

看見房子的真價值
平均收視率-2
TVR(%)
新聞頻道
娛樂頻道
戲劇頻道
0.6
0.5
0.4
0.3
0.2
0.1
0
TVBSN
SETN
中天新聞
民視新聞
東森新聞
ERA
非凡新聞
非凡商業
TVBSG
三立都會
GTV第1台
MUCHTV
中天娛樂
東風
GTV戲劇
緯來戲劇
東森戲劇
Data Source： AC Nielsen 2009/02/24 - 2009/03/02 TA: All 30-49歲
6

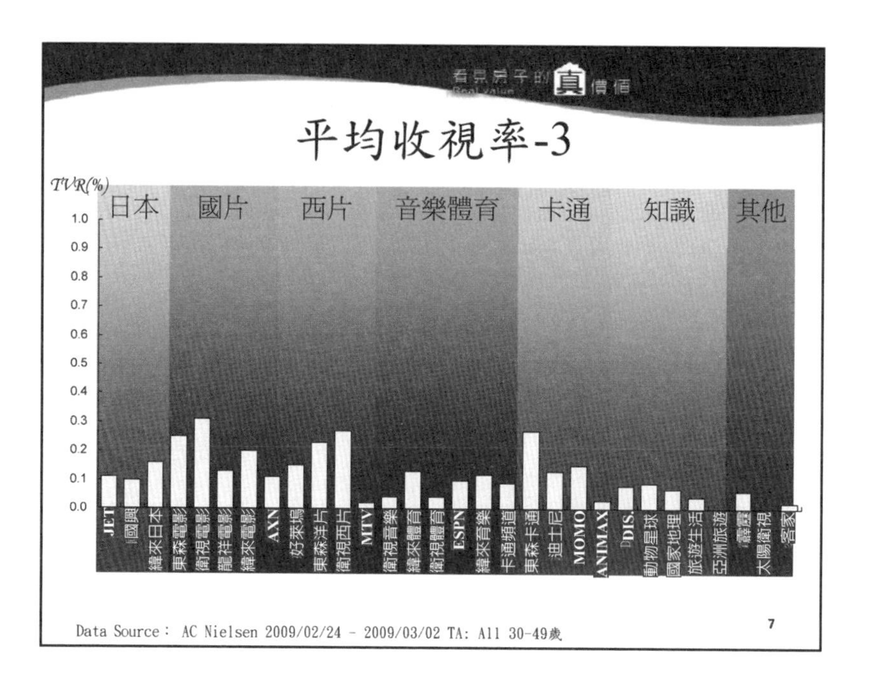
看見房子的真價值
Real value
平均收視率-3
TVR(%)
1.0
0.9
0.8
0.7
0.6
0.5
0.4
0.3
0.2
0.1
0.0
日本
國片
西片
音樂體育
卡通
知識
其他
JET
國興
緯來日本
東森電影
衛視電影
龍祥電影
緯來電影
AXN
好萊塢
東森洋片
衛視西片
MTV
衛視音樂
緯來體育
衛視體育
ESPN
緯來育樂
卡通頻道
東森卡通
迪士尼
MOMO
ANIMAX
DIS.
動物星球
國家地理
旅遊生活
亞洲旅遊
霹靂
太陽衛視
客家
Data Source： AC Nielsen 2009/02/24 - 2009/03/02 TA: All 30-49歲
7

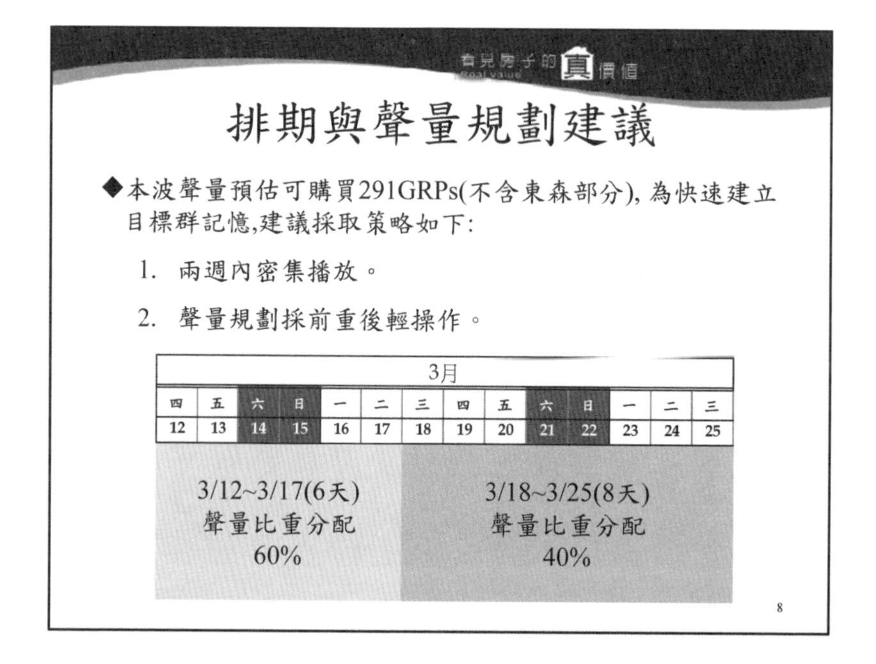
看見房子的真價值
Real value
排期與聲量規劃建議
◆本波聲量預估可購買291GRPs(不含東森部分), 為快速建立目標群記憶,建議採取策略如下:
1. 兩週內密集播放。
2. 聲量規劃採前重後輕操作。
3月
四 五 六 日 一 二 三 四 五 六 日 一 二 三
12 13 14 15 16 17 18 19 20 21 22 23 24 25
3/12~3/17(6天)
聲量比重分配
60%
3/18~3/25(8天)
聲量比重分配
40%
8

看見房子的真價值 Real value

類型頻道預算分配

頻道家族	頻道名稱	平均收視率%	頻道預算分配(含稅)			
			頻道預算(含稅)	類型頻道預算(含稅)	各頻道預算佔比	類型頻道預算佔比
新聞	TVBS-N	0.51	$ 672,000	$ 3,262,800	13%	65%
	TVBS	0.33	$ 252,000		5%	
	三立新聞臺	0.43	$ 588,000		12%	
	中天新聞臺	0.44	$ 554,400		11%	
	東森新聞臺(客戶直發)	0.46	$ 600,000		12%	
	非凡新聞臺	0.31	$ 294,000		6%	
	民視新聞臺	0.33	$ 302,400		6%	
綜合綜藝類	三立台灣臺	1.39	$ 110,880	$ 1,113,080	2%	22%
	三立都會臺	0.46	$ 168,000		3%	
	東森綜合臺(客戶直發)	0.27	$ 200,000		4%	
	中天綜合臺	0.36	$ 252,000		5%	
	中天娛樂臺	0.19	$ 67,200		1%	
	年代MUCH臺	0.27	$ 315,000		6%	
戲劇	八大戲劇臺	0.27	$ 210,000	$ 624,120	4%	12%
	東森戲劇臺(客戶直發)	0.06	$ 200,000		4%	
	緯來戲劇臺	0.35	$ 214,120		4%	
總計			$	5,000,000	100.0%	

Data Source： AC Nielsen 2009/02/24 - 2009/03/02 TA: All 30-49歲

9

看見房子的真價值 Real value

家族頻道預算分配

頻道家族	頻道名稱	平均收視率%	頻道預算分配(含稅)			
			頻道預算(含稅)	頻道家族預算(含稅)	各頻道預算佔比	頻道家族預算佔比
TVBS家族	TVBS-N	0.51	$ 672,000	$ 924,000	13.4%	18.5%
	TVBS	0.33	$ 252,000		5.0%	
三立家族	三立新聞臺	0.43	$ 588,000	$ 866,880	11.8%	17.3%
	三立台灣臺	1.39	$ 110,880		2.2%	
	三立都會臺	0.46	$ 168,000		3.4%	
中天家族	中天新聞臺	0.44	$ 554,400	$ 873,600	11.1%	17.5%
	中天綜合臺	0.36	$ 252,000		5.0%	
	中天娛樂臺	0.19	$ 67,200		1.3%	
非凡家族	非凡新聞臺	0.31	$ 294,000	$ 294,000	5.9%	5.9%
年代家族	年代MUCH臺	0.27	$ 315,000	$ 315,000	6.3%	6.3%
民視新聞	民視新聞臺	0.33	$ 302,400	$ 302,400	6.0%	6.0%
八大家族	八大戲劇臺	0.27	$ 210,000	$ 210,000	4.2%	4.2%
緯來家族	緯來戲劇臺	0.35	$ 214,120	$ 214,120	4.3%	4.3%
東森家族	東森家族(客戶直發)		$ 1,000,000	$ 1,000,000	20.0%	20.0%
總計			$	5,000,000	100.0%	

Data Source： AC Nielsen 2009/02/24 - 2009/03/02 TA: All 30-49歲

10

看見房子的真價值 Real value

CUE表檔次分布

- 雖採CPRP購買方式,但CUE表所安排之計費檔次保證播出,並保證總執行檔次至少**1,200**檔以上(不含東森家族)。

NO.	頻道屬性	頻道別	四 12	五 13	六 14	日 15	一 16	二 17	三 18	四 19	五 20	六 21	日 22	一 23	二 24	檔次
1	新聞類	TVBS-N	3	4	2	2	1	2	1	1	3	2	2	0	1	24
2		TVBS	5	4	1	0	2	1	0	3	1	1	0	0	0	18
3		三立新聞臺	7	8	7	6	3	4	4	3	5	5	4	0	0	56
4		中天新聞臺	3	3	7	5	1	3	3	3	1	6	4	0	1	40
5		非凡新聞臺	7	6	0	0	5	4	3	3	3	0	0	1	0	32
6		民視新聞臺	2	2	4	3	0	1	1	0	2	2	2	0	0	21
7	綜合綜藝類	三立台灣臺	0	0	1	2	1	0	0	0	0	0	2	1	0	7
8		三立都會臺	1	0	2	2	0	1	0	1	0	2	2	0	1	12
9		中天綜合臺	3	4	2	1	1	1	0	0	2	2	1	1	0	18
10		中天娛樂臺	1	1	1	1	0	0	0	1	1	0	1	0	0	7
11		年代MUCH臺	5	4	5	5	4	4	3	4	3	5	5	2	2	52
12	戲劇類	八大戲劇臺	4	6	3	2	4	4	3	2	3	1	1	2	0	36
13		緯來戲劇臺	4	5	0	0	4	4	4	2	3	0	0	1	0	28
cue表檔次			45	47	35	29	26	29	22	23	27	26	24	8	5	351
東森家族(客戶直發)檔次			17	19	15	12	13	9	7	4	4	4	3			107
總檔次			62	66	50	41	39	38	29	27	31	30	27	8	5	453

11

看見房子的真價值 Real value

電視執行效益預估

排期			2009/3/12~2009/3/25(共計14天)
預算			NT$ 4,000,000 (含稅)
素材			40"TVC
GRPs			291
10" GPRs			1,164
1+Reach			70.0%
3+Reach			40.0%
Frequency			4.4
10"CPRP(含回買)			NT$ 3,273
P.I.B.(首二尾支) GRP%			60%
Prime Time GRP%	週一~五	12:00~14:00	70%
		18:00~24:00	
	週六~日	12:00~24:00	

12

看見房子的真價值

新聞報導與節目配合(免費)

置入	頻道名稱	節目	秒數	則數
新聞報導	TVBS-N	新聞	20"~50"	1
	三立新聞臺	新聞	20"~50"	2
	中天新聞臺	新聞	20"~50"	2
	年代新聞臺	新聞	20"~50"	2
	非凡新聞臺	新聞	20"~50"	1
	民視新聞臺	新聞	20"~50"	1
節目專訪	TVBS	Money我最大		1
	八大第一臺	午間新聞		1
	緯來綜合	臺北Walker Walker		1
總計				12

13

案例 3 ○○年度新北市府紀錄片「整合行銷案」服務建議書

大綱內容

壹、背景分析（感動，無所不在。真實，詮釋由你。）

貳、團隊優勢與團隊架構

2-1、團隊優勢

1. LINE TV 追劇娛樂帝國，第一流行指標。
2. LINE TV 排行第一，領先指標。

2-2、團隊架構

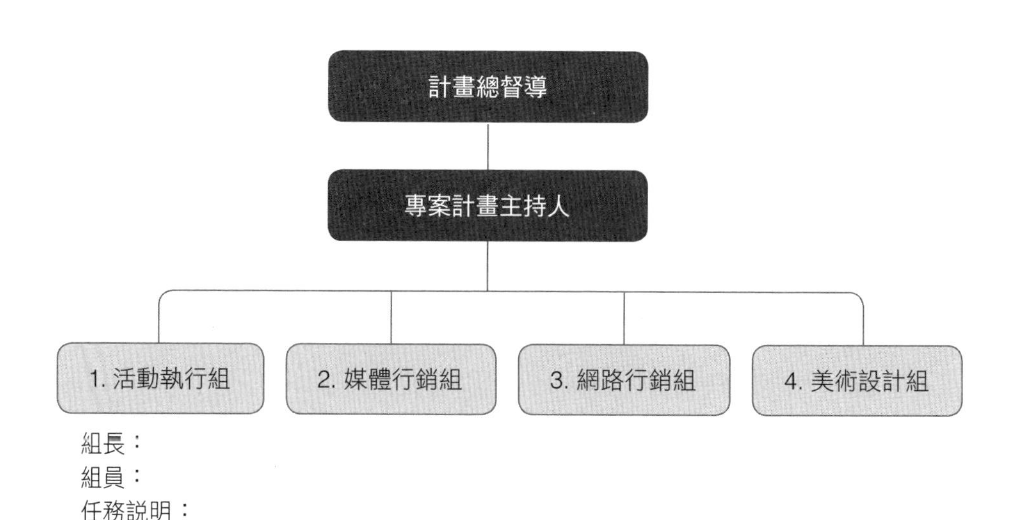

叁、行銷規劃

3-1、行銷主軸與架構

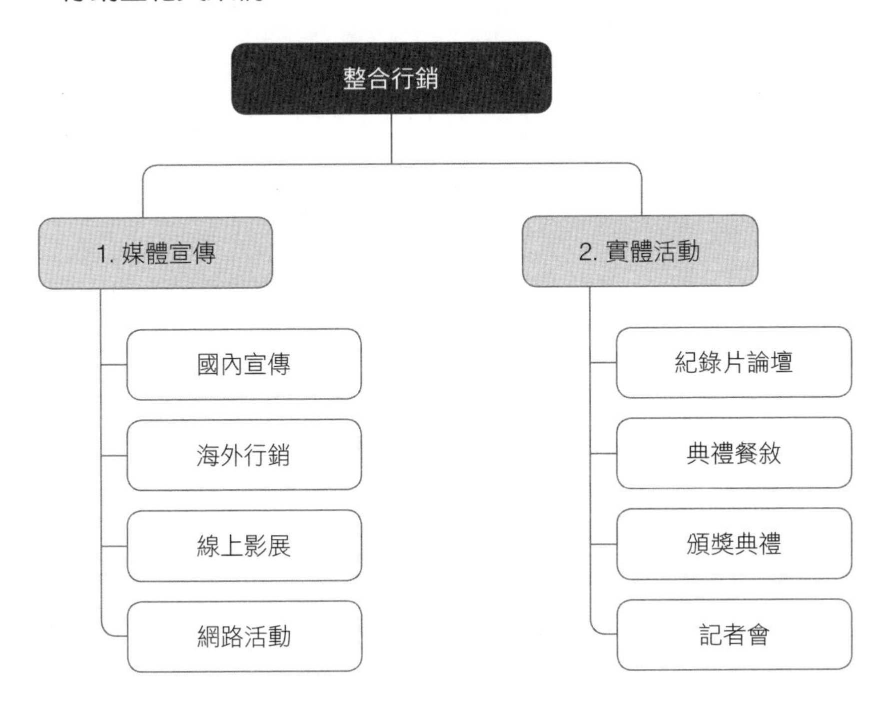

3-2、國內行銷宣傳

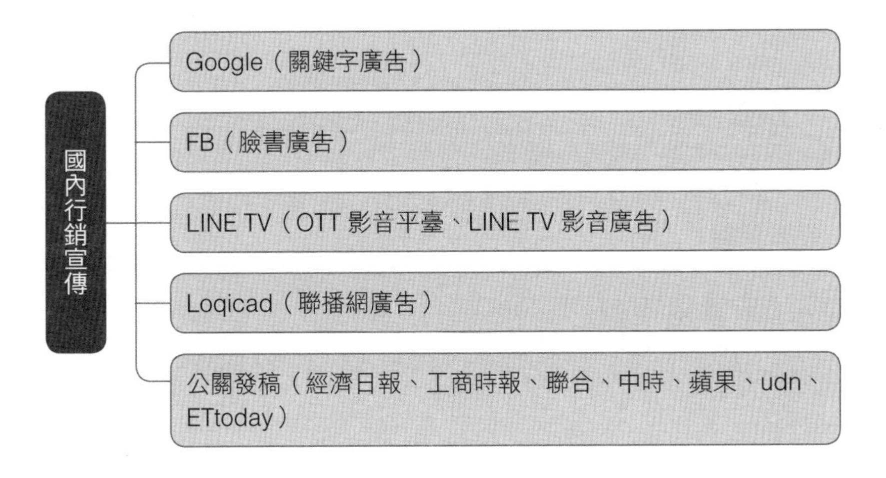

3-3、海外行銷宣傳

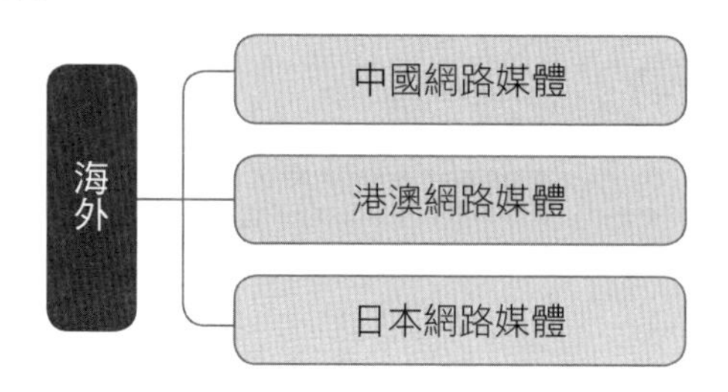

3-4、線上影展

在 LINE TV 影音內容平臺上，設置線上影展專區播放。

3-5、粉絲團及部落格維運

於新北市府紀錄片官方粉絲團與官方部落格進行文案撰寫、編輯、貼文、網友回應等網站維運。

3-6、網路行銷活動

1. 規劃網路抽獎活動，吸引網友觀賞優選作品，達到最高曝光聲量。
2. 活動主題、進行方式、抽獎贈品。

肆、文宣設計

4-1、視覺設計

主題說明、Slogan、設計說明。

4-2、文宣品規劃

海報、DM、酷卡、捷運燈箱。

4-3、設計示意

伍、紀錄片論壇規劃

1. 主題構想。
2. 活動時間。

3. 活動地點。
4. 參與對象。
5. 活動人數。
6. 活動流程。
7. 場地規劃。
8. 活動現場照片。
9. 論壇講者建議名單。
10. 論壇與談人建議名單。
11. 論壇主持人建議名單。
12. 其他配套規劃。

陸、頒獎典禮規劃設想

1. 場地建議。
2. 場地特色。
3. 場地平面圖。
4. 場地舞臺示意圖。
5. 策展區示意圖。
6. 典禮時間。
7. 典禮參與對象。
8. 典禮流程。
9. 典禮主持人建議（二選一）。
10. 紀念品規劃。
11. 典禮餐敘規劃。

柒、記者會規劃

1. 場地建議。
2. 場地圖片。
3. 記者會時間／地點。

4. 記者會流程。
5. 記者會影片製作。
6. 記者會名稱。

捌、加值回饋與異業合作

1. LINE TV 會員推播。
2. LINE TV 社群平臺貼文曝光。
3. 與國家電影中心合作。

玖、執行期程規劃

項目及時間，108年4月～12月。

拾、預算明細表

項次、執行項目、內容說明、數量、單位、單價、總價、合計。

1. 行銷規劃與執行：95 萬元。
2. 文宣品製作：15 萬元。
3. 紀錄片論壇舉辦：57 萬元。
4. 頒獎典禮：80 萬元。
5. 記者會：25 萬元。
6. 影音製作：12 萬元。
7. FB 及部落格經營：15 萬元。

總計：299 萬元。

拾壹、團隊過去實績

拾貳、附件

1. 各項合作人意向書。
2. 專案負責人在職證明。

臺北最 HIGH 新年城〇〇年跨年晚會

〇〇電視臺　提案

一、前言

〇〇電視公司承辦此次活動，將不以跨年晚會作為唯一活動內容，而**將結合各類媒體展開長達二個月之熱身活動**，再以跨年晚會作為活動收尾，形成北市奔向未來及持續推動城市形象提升之基礎。晚會當天亦不以大型演唱會即告結束，**另由周邊商圈持續活動，造成城開不夜之嘉年華會盛況**。

二、活動架構

活動主題：臺北最 HIGH 新年城　城開不夜，奔向未來

奔向未來 →

愛上百分百臺北，十大票選活動

美麗臺北城，跨年活動今年邁入第 10 屆，信義商圈開發至今剛好十年，〇〇結合所有強勢媒體平臺舉辦臺北十大票選，再造臺北城美麗傳奇

城開不夜 →

臺北最HIGH 新年城〇〇跨年演唱會

19:00 ～（20〇〇）01:00（暫定）大卡司偶像團體歡唱

信義商圈嘉年華不打烊

由市府周邊—101—華納威秀—新光商圈，31日跨年晚會結束後

三、活動期程

活動主題：臺北最 HIGH 新年城 城開不夜，奔向未來

活動期程：1. 奔向未來之十大票選活動：〇〇年 11 月 1 日至〇〇年 12 月 20 日

2. 城開不夜：〇〇年 12 月 31 日 19:00 至〇〇年 1 月 1 日 05:00

主辦單位：臺北市政府、〇〇電視公司

協辦單位：中國時報、時報周刊、中時電子報、飛碟電臺

四、內容說明：奔向未來

A.「奔向未來」

活動名稱：愛上百分百臺北 十大票選活動

活動期間：11/1～12/15 進行票選

12/20 票選揭曉與公開抽獎

票選主題：站在臺北市府與市民一起跨年的第十年，臺北市政府要讓所有生活在臺北的市民與來過臺北作客的朋友，一起票選出大家最愛的「百分百臺北」，這個「愛上百分百臺北，十大票選活動」，記錄了市府團隊的施政軌跡，也反射了臺北人的生活形貌。歡迎所有愛護這個城市的人們，一起選出你心目中最愛的臺北面容，讓臺北城懷抱萬眾的愛戀持續奔向璀璨未來。（票選題目與市府議定後再行宣傳公告）

抽獎辦法與獎項 1：【中國時報版】天天送手機、週週抽機車、12/20 百萬汽車大方送

※活動期間：11/1～12/15

※活動辦法：剪下「票選圈選表」（影印無效），可任選 10 個題目進行票選，貼在「標準明信片」背面，寫上個人基本資料，寄到臺北郵政第 1992 號信箱「愛上百分百臺北十大票選活動」收，即可參加抽獎，所勾選之答案若是本活動最高得票之選項，還可

以參加「最佳人氣獎」價值百萬轎車抽獎。

抽獎辦法與獎項2：【中時電子報版】天天送你看電影、12/20 筆記型電腦等著你

※活動期間：11/1～12/15

※活動辦法：活動期間網友只要上中時電子報的本活動網頁專區，參加活動勾選出最愛的選項，填妥個人基本資料（含電子郵件帳號、姓名、出生年月日、地址、電話、性別）寄出，即可天天參加抽獎，並可在12/20參加筆記型電腦等大獎的公開抽獎。

票選記者會企劃

時間：○○年 11 月 1 日（週二）上午 10:00～10:20

地點：臺北市政府市長簡報室（12 樓）

主持人：藝人郭子乾（張菲）、丁小芹（侯佩岑）

對象：平面與電子媒體市政線記者

致詞：馬英九市長

記者會重點：1. 宣布○○電視承辦臺北跨年晚會，為讓大家體驗臺北的豐富與精彩，將舉辦跨年的暖身活動～「愛上百分百臺北，十大票選活動」，由全民一起票選最愛的臺北十大。

2. 以十大當中「最想推薦的臺北特產」作為票選活動的代表訴求，由馬市長與主持人一起推介十樣特產，以及對特產的喜好。

進行設計：※由馬市長擊鑼，象徵活動開鑼。

※安排藝人郭子乾、丁小芹分別扮演綜藝大哥張菲（今年電視金鐘獎主持人）與甜心主播侯佩岑（該年金馬獎主持人），擔任記者會主持人，以傳達北臺灣十一月分的三大活動，將由臺北市的「十大票選活動」先起跑，並提及甫結束的「健康城市領袖圓桌論壇」吸引五十多城市首長訪臺，再切入由馬市長與兩位主持人一起向到訪賓客推薦濃濃臺北味的特產，並邀請大眾參與票選活動。

※記者會現場將準備臺北十樣特產（海芋、手工小饅頭、大香腸、大餅包小餅、粉圓、鴨舌頭、芒果冰、牛肉麵、包種茶、鹹鴨蛋），由兩位主持人邀請馬市長現場品嚐特產。

記者會流程：

10:00～10:03　主持人開場／簡要說明記者會主題。

10:03～10:06　馬市長致詞。

10:06～10:08　主持人介紹「臺北十大」票選活動內容。

10:08～10:10　「十大票選」開鑼儀式／請馬市長擊鑼。

10:10～10:13　「十大特產」登場。

10:13～10:18　馬市長與主持人共同推介「臺北十大特產」，並品嚐或選擇一項最愛的特產。

10:18～10:20　媒體拍照與聯訪／記者會結束。

B.「城開不夜」晚會部分

晚會名稱：○○臺北最 HIGH 新年城，I Love you Taipei 愛在臺北跨年晚會

晚會概念：跨越○○年的臺北城，以臺北「關懷、信任、包容與愛」的精神為主軸來舉辦一場盛大的晚會，晚會表演以在地性最強的原住民精神為整場主題，包裝內容包括熱情的巨星歌舞表演、活力的運動秀、臺北城市的十大票選秀。

內容說明：城開不夜之晚會規劃

晚會主持人：曾國城＋徐乃麟＋Makiyo＋全民大悶鍋演員＋蔡康永（暫定）
晚會主題精神：【關懷、包容、信任、愛】與【原住民精神】
晚會主要內容：【把愛傳出來】、【友愛廣場】、【情愛神海】、【祈福儀式】、【博愛聖殿】、【愛的倒數】、【愛的搖滾】、【愛的音樂派對】

序	主題	文案	表演形式／演出人員	時間
1	把愛傳出來	愛是你、愛是我、愛是空氣、陽光、花和水，存在即是愛 【讓我們把愛傳出來】	• 一位原住民小孩，從廣場階梯起身，以他純真的童聲唱出晚會開場歌曲——愛的真諦 • F.I.R. 演唱「把愛傳出來」揭開晚會的序曲	40 分鐘
2	晚會引言	1. 晚會以在地性最強的原住民精神為整場主題精神，來表現臺北的城市精神——「關懷、包容、信任與愛」 2. 晚會表演有「熱情的歌舞秀、活力的運動秀、臺北城市的十大票選秀」，展現臺北健康城市的特色	主持人引言，說明晚會內容以及意義	3 分鐘
3	關懷的友愛	握住我的手，品嚐我為你準備的這杯人生甜苦酒。這樣的勇氣與膽量，只有你——我的朋友 【團體藝人接力演唱，傳達「友愛」的意義】	「愛」的歌曲演唱 5566、K-One、7 朵花、183club（以上名單為暫定）	1.5 小時
4	晚會引言	時尚的臺北城，每一處都充滿著浪漫氣氛，期望每一位市民愛戀臺北就像愛戀自己的情人般，永遠充滿熱情	主持人引言，介紹【情愛神海】表演嘉賓	3 分鐘
5	信任的情愛	莎士比亞說：愛情不過是發瘋罷了。愛情的世界裡充滿了妄想、狂想，年輕的我們曾經那麼瘋狂、任性、衝動 【輕量級偶像歌手傳唱耳熟能詳的動人情歌】	「愛」的歌曲演唱 楊丞琳、柯有綸、阿杜＋林宇中、李聖傑、張韶涵（以上名單為暫定）	1.5 小時

序	主題	文案	表演形式／演出人員	時間
6	晚會引言	1. 臺北城不只把醫療、環保做好，還要提升文化、社會、便捷等面向，成為各國的城市典範。最令臺北市民驕傲的市政建設有「人行道更新」、「汙水下水道」、「市民運動中心」等 2. 此次「臺北國際健康城市領袖圓桌會議暨研討會」，50 個城市首長代表來臺進行交流，把臺北城市精神傳到國際間 3. 祭典儀式是原住民的文化精髓，儀式的種類大大小小之多，「收穫祭、祈雨、求晴、驅疫、除病魔、結婚、離婚、出草、狩獵等等」都有一定的儀式。為的是感恩祖靈對族人的保佑。請女巫為我們祈福，讓所有人也能領受相同保佑	主持人引言並介紹原住民女巫祈福	3 分鐘
7	祈福儀式	祈禱！讓愛傳遍整個世界	原住民女巫祈福，願「愛」傳遍整個世界，同時引出張惠妹演唱	10 分鐘
8	包容的博愛	「愛」是不分男女、膚色、種族、國籍，在愛的聖殿中，來自世界不同地方的超級偶像，為您獻唱愛的歌曲	「愛」的歌曲演唱 張惠妹、蕭亞軒、麻吉、孫燕姿、五月天（以上名單為暫定）	2 小時
9	晚會引言	臺北市長馬英九請出場帶領我們一起大聲吶喊、倒數，讓愛跨越○○年到○○年	主持人引言，邀請所有嘉賓出場準備倒數	3 分鐘

序	主題	文案	表演形式／演出人員	時間
10	愛的倒數	愛隨著秒針，一秒秒的奔向你我	• 播放「世界各國超級巨星」跨年祝福VCR • 馬市長、市府團隊成員、主持群及藝人與現場及全國民眾同步倒數，現場萬人大擁抱 • 倒數儀式將以特殊燈光來營造出炫麗效果，配合101大樓樓層的燈光演出	20分鐘
11	晚會引言	臺灣有多元的種族融合，文化、信仰、語言都很不同，唯有「搖滾樂」，撼動你我的心，成為世界共通的語言	主持人引言，介紹五月天出場進行【愛的搖滾】	3分鐘
12	愛的搖滾	就讓愛隨五月天一起搖滾	五月天演唱	30分鐘
13	晚會引言	從流行音樂的文化中，可以看出一個社會的文化演進	主持人引言，介紹Party DJ林強出場	3分鐘
14	愛的音樂派對	音樂與舞蹈是散播愛的最佳媒介	Rave-Party邀請音樂大師林強擔任DJ，於跨年倒數活動之後，設計一段Rave-Party，提供市民在2006年與好友死黨一起盡情熱舞 •老歌新唱Remix版 •雷鬼 •嘻哈 •搖滾RAP	30分鐘

備註：1. 晚會進廣告前，播放「十大票選內容短片」。

2. 晚會之廣告播出時間有「模特兒運動秀」演出，延續晚會之熱度。

3. 演藝人員名單為暫定，如有更動，會以同等級藝人替代。

內容說明：城開不夜之嘉年華

「城開不夜」嘉年華不打烊

信義商圈嘉年華活動：建議信義計畫區內商圈廠家，延續節慶歡鬧氣氛，**延長營業至凌晨五時**。從 101 之精品美食、新光三越 4 館、華納威秀、紐約紐約、NEO19 等商圈，**結合店家優惠及周邊定點定時趣味活動規劃**，打造史上歡樂時光最長，話題最烈，全國民眾最難忘、最繁華、最長的跨年一夜。

懇請協力：本建議計畫，**需委請市府協調各局處配合店家，同步支援至凌晨五時**，再會同○○召開商圈商家協調會，利導之、勸誘之，共榮營造輝煌跨年夜；**若協議未果，則協調此區域內店家至少全夜燈火通明**，亦可發揮嘉年華狂歡夜氣氛，**○○新聞並將於前期報導店家優惠活動，宣傳威力必有利人潮聚集、廠商收益，為○○之高價回饋**。

五、跨媒體宣傳計畫

電視媒體：中天新聞臺、中天綜合臺、中天娛樂臺、中天國際臺。

配合內容：新聞專題製播、新聞臺連線播報、活動新聞跑馬、新聞預告帶、票選宣傳帶、晚會預告帶、晚會轉播。

平面媒體：中國時報、時報周刊。

配合內容：活動系列報導。

網路媒體：中時電子報、中天網站。

配合內容：活動網頁設置、活動系列報導。

廣播媒體：飛碟電臺。

配合內容：晚會活動宣傳、晚會現場連線。

跨媒體宣傳計畫 1：新聞系列報導

「中天新聞臺——奔向未來：中天新聞跨年活動系列專題報導」

專題方向：製作 45 則以上十大票選活動新聞專題報導，除強力宣傳票選活動外，**並於報導中吸引全國民眾聚焦於臺北多元的今昔風情**。

議題規劃：奔向未來

1. **愛上百分百臺北，十大票選系列報導**：發現臺北之美／走入臺北城。
2. **最好玩臺北不夜城導覽**：預告信義商圈內店家當日折扣優惠以及各區域吸納各年齡層市民之趣味演出項目。

製作則數：每日至少 1 則，共製作 45 則（每則約 60～90 秒）。

播出時段：每則播出約為 6 次，不限時段播出。

預計露出次數高達 60 天，540 次。

跨媒體宣傳計畫 2：新聞 LIVE 播出晚會實況

「○○新聞臺——城開不夜：最 HIGH 臺北新年城晚會新聞臺整點 LIVE 播出」

特別報導設計：12 月 31 日晚會現場，除中天娛樂臺完整轉播外，並安排於中天新聞臺**每整點連線播出晚會精彩實況**。

內容規劃：1.特派駐點，即時連線播報最新跨年晚會活動實況。

2.信義商圈各定點活動報導，商家人潮盛況採訪。

3.不夜城好遊區域活動導覽。

4.城開不夜，延棚新聞播報。

播出時段：○○年 12 月 31 日 00:00 始～○○年 1 月 1 日 01:00，**露出時數播送長達 25 小時。**

跨媒體宣傳計畫 3：新聞臺跑馬宣傳

「中天新聞臺——新聞跑馬宣傳」

內容設計：○○新聞配合跨年晚會相關活動，提供新聞跑馬服務。

跑馬內容：1. 宣傳愛上百分百臺北十大票選活動。

2. 宣傳晚會當天偶像超強卡司之精彩訊息告知。

3. 信義商圈之系列優惠／演出活動訊息告知。

製作則數：每日 1 則。

配合期間：11 月 1 日 至 12 月 31 日。

宣傳天數長達 60 天！720 小時。

跨媒體宣傳計畫 4：活動預告帶製播

「〇〇家族頻道——a. 跨年新聞專題預告帶」

內容設計：製作跨年新聞專題預告宣傳帶，宣傳臺北城多元風貌。

製播長度：每支 30 秒。

製作支數：5 支。

配合期間：11 月 至 12 月共計 60 天，至少播出 **5,400 秒**。

播出頻道：中天家族，**含海外（美加星馬等）頻道**。

「〇〇家族頻道——b. 愛上百分百臺北，十大票選活動票選宣傳帶」

內容設計：配合「臺北十大票選活動」，製播票選活動宣傳帶。

製播則數：10 支（每題 1 支）。

製播長度：每支 30 秒。

配合期間：11 月 1 日 至 12 月 15 日共計 60 天，至少播出 **5,400 秒**。

播出頻道：中天家族，**含海外（美加星馬等）頻道**。

「〇〇家族頻道——c. 臺北最 HIGH 新年城，愛在臺北跨年演唱會預告帶」

內容設計：製作跨年晚會預告宣傳帶，強力宣告晚會偶像級卡司陣容，並展示信義商圈「城開不夜」各區演出精彩項目。

製播長度：每支 30 秒。

製作支數：5 支。

配合期間：12 月 1 日至 12 月 31 日共計 30 天，至少播出 **7,200 秒**。

播出頻道：中天家族，**含海外（美加星馬等）頻道**。

總計：1. 預告帶製作 20 支。
　　　2. 播出秒數 18,000 秒。
　　　3. 跨年新聞專題 45 則。
　　　4. 宣傳區域遍及美加星馬等海外。

跨媒體宣傳計畫 5：超強卡司跨年晚會現場轉播

○○綜合臺＋○○娛樂臺雙頻道及海外即時轉播——2006 臺北最 HIGH 新年城，愛在臺北跨年演唱會現場轉播

轉播計畫：以龐然飛行船飄浮於晚會現場上空，於倒數儀式時並撒下紙花，至少九機之轉播配備工程，靈活呈現現場熱力氣氛，精緻呈現歡樂畫面於全國海外電視機前觀眾。

播出頻道：中天娛樂臺 CH39 完整播出，中天新聞臺 CH52 整點 Live 連線＋海外美加星馬等。

播出時段：12 月 31 日 19:00 至 1 月 1 日 01:00（暫定）。

跨媒體宣傳計畫 6：平面媒體密集曝光

a.「中國時報——票選活動系列報導＋晚會／商圈跨年夜專題」

內容設計：配合臺北十大票選活動與跨年晚會，中國時報專刊介紹十大票選項目配合製作系列專題報導，大幅報導臺北多元風貌。

刊登篇數：60 篇（每天 1 篇）。

配合期間：11 月 1 日至 12 月 31 日，共計 60 天。

b.「時報週刊——票選活動系列報導＋晚會／商圈跨年夜專題」

內容設計：配合臺北十大票選活動與跨年晚會，時報周刊專刊介紹十大票選項目，並配合製作系列專題報導。

刊登篇數：8 篇（每週 1 篇）。

配合期間：11 月 10 日至 12 月 31 日，共計 60 天。

跨媒體宣傳計畫 7：網路票選密集宣傳

a.「中時電子報——網路票選」

內容設計：配合臺北十大票選活動與跨年晚會，中時電子報配合製作跨年活動網頁，內容包含首頁票選活動露出，跨年晚會活動簡介與信義商圈地圖商店介紹，及開放網路票選。

配合期間：11 月 1 日 至 12 月 31 日，共計 60 天。

b.「中天網站——活動系列報導」

內容設計：配合臺北十大票選活動與跨年晚會，中天新聞配合製作系列專題報導，同步於網站播出，供網友瀏覽。

配合期間：11 月 10 日 至 12 月 31 日，共計 60 天。

跨媒體宣傳計畫 8：記者會

1.「城開不夜，奔向未來」票選記者會。

如前述。

2.「城開不夜，奔向未來」跨年晚會倒數記者會

時間：12 月 26 日 18:00～19:00（暫定）。

地點：臺北市政府大門口舉行。

重點：宣告今年跨年晚會的重點節目設計、邀請信義商圈主要店商與合作單位共同揭示主題。

構想：邀請今年晚會將負責開場或倒數或壓軸的巨星代表、市府各局處邀請參與當晚不夜區塊的表演團體代表、商圈代表與合作單位代表共同出席，與馬市長共同點亮「城開不夜，奔向未來」的燈牌。

3.「城開不夜，跨年晚會」彩排記者會

時間：12 月 30 日。

地點：市府廣場前。

六、時程初步規劃

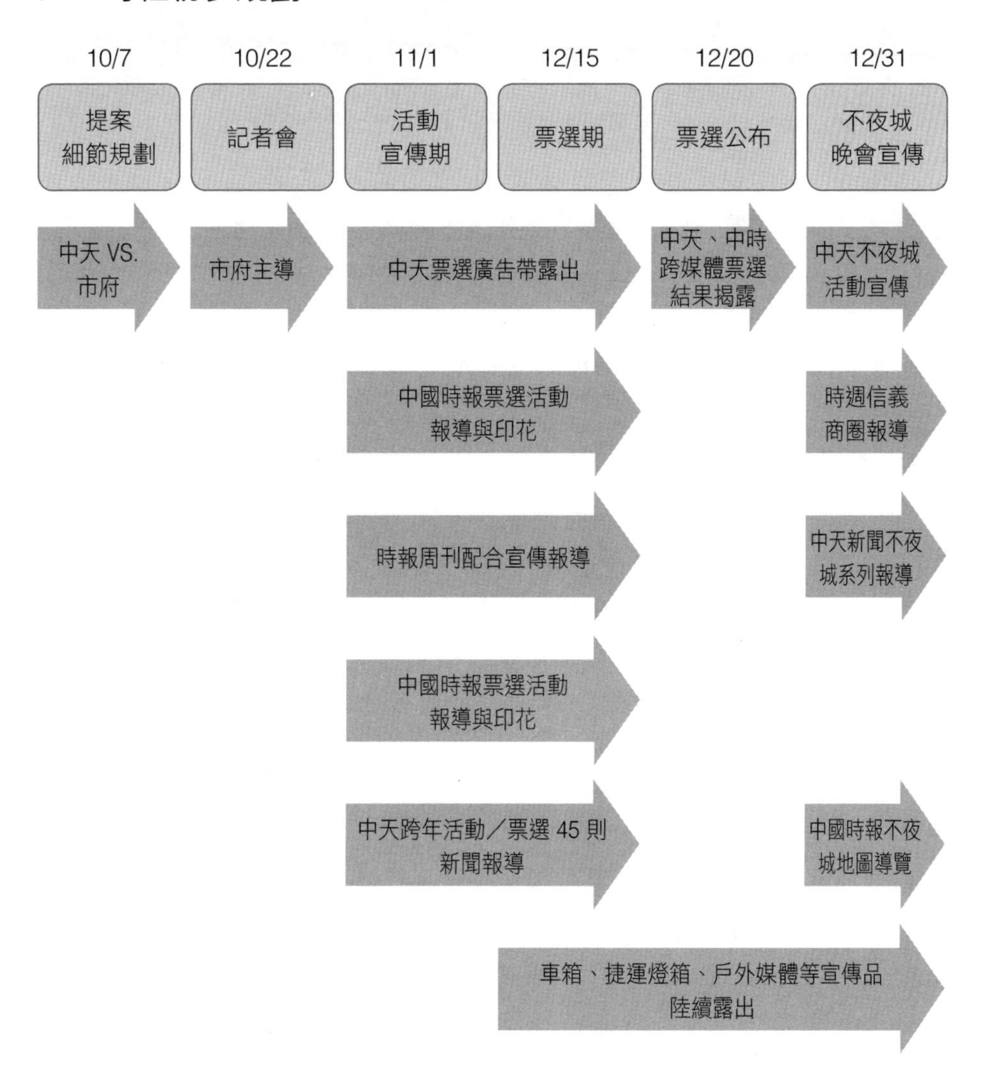

七、雨天備案及協請各局處支援

宣導民眾準備雨具，並視現場情況隨時修改表演內容。舞臺並設有雨棚，風雨不大則照常演出。若風雨嚴重，則協商市政府及所有協力單位、贊助商，決定是否將活動終止或延期舉辦。

市政資源協力	
配合單位	工作事項
新聞處	懇請協調市府各行政資源，及信義商圈商家配合城開不夜計畫，並橫向協調各局處
交通局	請配合並指導交通管制計畫，疏通管制路段交通流量
交工處	懇請配合交通局疏導管制計畫，擺設交通警示燈號，並提供交通錐、路障、黃色警示等管制交通用具
養工處	懇請配合場地規劃，以黃色警示圍出安全範圍，以維護安全
警察局	1. 懇請增派警力維持交通行人安全以及現場安全秩序 2. 請於施工及活動期間加強巡邏，以免活動之設施遭人為破壞 3. 請協助提供本活動交通管制時間之交通錐、警示燈詳細布設時間、地點、數量，以利養工處及交工處配合擺設
消防局	1. 請在活動當天於舞臺附近派駐二輛消防車及二輛照明車待命，並提供 20 具乾粉滅火器於舞臺上及周圍放置，以維護消防安全 2. 懇請訂定消防安全防護計畫

八、協請各局處支援

配合單位	工作事項
衛生局	1. 活動當天於舞臺周邊設立至少四處急救站，並派駐四輛救護車及四組醫護人員 2. 請擬定緊急安全救護計畫 3. 請於活動期間通知附近醫院協助處理突發狀況
工務局	協助建管處處理活動現場大型布置及舞臺設置建照申請事宜
建管處	請協助建照申請核准本次活動之舞臺及大型裝置物
環保局	1. 請於活動期間在舞臺周邊、平均設置 60 個大型垃圾桶，並於活動結束後派員至活動現場清運垃圾 2. 請於活動期間及結束後協助負責場地清潔工作，以維持環境衛生

配合單位	工作事項
環保局	3. 請於活動當天在舞臺周邊停放拖車式流動廁所共 10 輛（附設殘障專用廁所），方便民眾使用，並於舞臺後方 OB 車旁停放一輛小型流動廁所，供活動來賓、工作人員使用，並於活動結束後清理 4. 請協助活動布旗懸掛之核准
公管中心	1. 演唱會當天需借用市府 1 樓 5 間房間作為來賓休息室 2. 12 月 26 日、12 月 30 日大廳作為記者會場地 3. 請核准市民廣場場地使用
公園路燈管理處	1. 請協助活動布旗懸掛之申請核准 2. 請核准樹燈懸掛及草地放置發電機使用 3. 請核准大型裝置物之擺放場地許可

九、交管計畫

道路管制時間建議：

1. 12 月 25 日週日 10:00 後至 12 月 29 日週四晚間 20:00，管制松壽路與松高路間，市府路東側四線道，以利舞臺施工。西側四線道將建議交通局及交通大隊疏導管理改為二線雙向通行。
2. 12 月 29 日週四 20:00 預計將搭設其他硬體，加上舞臺進行彩排。
3. 上述時間至 1 月 1 日週日上午 06:00 活動結束止，除市府路全段，建議仁愛路亦全段封閉，以利施工，疏散及撤臺之安全維護。
4. 12 月 31 日城開不夜計畫，周邊活動確認執行（經市府新聞處代為溝通各局處同意支援後），則交管範圍建議應擴大管制。由市府前演唱會→市府路→信義路五段→松智路→松仁路至松高路
5. 1 月 1 日週日上午 06:00 至 1 月 2 日週一中午 12:00，懇請管制松壽路與松高路間之市府路東側四線道，以利拆卸舞臺硬體。西側四線道將請交通局及交通大隊疏通管理改為二線雙向通行。

路線	現行路線	交通管制行駛路線
612	信義路→松仁路→松壽路→市府路→基隆路（往返程）	（往程）信義路（往西）→松仁路→松壽路→一號道路→仁愛路→逸仙路→忠孝東路→接回基隆路；（返程）基隆路（往南）→松高路→松智路→松壽路→松仁路→接回信義路
三重（林口至市府路）	仁愛路（往東）→市府路→松壽路→松仁路→松高路→市府路→仁愛路	仁愛路（往東）→逸仙路→松高路→松仁路→松壽路→松智路→松高路→逸仙路→仁愛路
665、621	仁愛路（往東）→市府路→松壽路	仁愛路（往東）→逸仙路→松高路→松智路→接回松壽路，原往仁愛圓環方向維持行駛松壽路（往西）一號道路 仁愛路，不予調整
32	（往程）松壽路（往西）→市府路→基隆路→忠孝東路→（返程）忠孝東路（往西）→松仁路→松高路→市府路→松壽路	（往程）松壽路（往西）→松智路→松高路→基隆路；（返程）忠孝東路（往西）→松仁路→松高路→松智路→松壽路
311 路仁愛線	仁愛路（往東）→市府路→基隆路	仁愛路（往東）→逸仙路→忠孝東路→接回基隆路，原往仁愛圓環方向維持行駛基隆路（往南）→松高路→逸仙路→仁愛路，不予調整
28、202 副線	基隆路→市府路→松壽路（往返程）	基隆路（往南）→松高路→松智路→松壽路（往程）；松壽路（往西）→仁愛路→逸仙路→忠孝東路→基隆路（返程）
亞聯（新竹至臺北）	仁愛路（往東）→市府路→基隆路	仁愛路（往東）→逸仙路→忠孝東路→接回基隆路

路線	現行路線	交通管制行駛路線
263、270、651（往松山）	仁愛路（往東）→市府路→基隆路→忠孝東路	仁愛路（往東）→逸仙路→忠孝東路
261	仁愛路（往東）→市府路→基隆路→忠孝東路→松山路→松隆路→基隆路→松高路→逸仙路→仁愛路折返	仁愛路（往東）→逸仙路→忠孝東路→松山路→松隆路→基隆路→逸仙路→接回仁愛路原線折返

十、交通維護計畫

1. 設計特別為本活動準備之接駁公車。
2. 自用小客車及機車處理方式：請市政府與停車管理處協調疏導車輛進入市府周邊停車場停放。
3. 停車規劃：
   (1) 協調市政府協助規劃貴賓及表演來賓座車、轉播工程車及施工車輛之停車位。
   (2) 另於活動區附近安排規劃消防車、救護車、電話車停車位。
   (3) 事前宣導民眾盡可能乘坐大眾交通工具參與演唱會，若民眾自行開車或騎車參加，則民眾須配合周邊之合法停車場依序停車。同時，在活動舉辦前幾天，中天新聞將製作活動交通管制及交通疏導之新聞專題，於各節整點新聞中播出，藉以告知民眾。**另外，中天各家族頻道會在各電視節目中，以跑馬字方式，宣導交通管制及疏散方法。**

十一、安全維護計畫

〇〇年參與人數達 150,000 人，今年若城開不夜規劃得成，預估將可能超過 200,000 人潮。因應可能不斷湧進之活動參與民眾，特於前製期備妥安全維護計畫，以應變可能之緊急狀況。

維護措施

1. 活動地形圖：主辦單位將於活動區主要明顯標的，張貼晚會活動區域圖。
2. 維安人員：安排工作人員導引民眾進場、場地內的安全維護及散場時疏導民眾事宜。
3. 成立應變小組：施工早期場地簡易安全檢查，並編設緊急危機處理小組。
4. 標示危險區：製作警示牌標出危險區，如舞臺鷹架 PA 等處，警告民眾不得接近。
5. 醫療小組：
   (1) 搭設臨時醫療救護站，懇請臺北市政府協調安排醫生、護士，及必要之緊急救護器材及救護車。
   (2) 若民眾遇重大意外因素需要緊急救護時，醫療小組立即協助將之移至救護站，交由專業護理人員處理。並馬上聯絡活動場地周邊之各大醫院，如仁愛醫院、忠孝醫院、中興診所、國泰醫院等。
6. 防火處理：演唱會活動勢必引來擁擠人潮及車輛，懇請臺北市政府協調安排二輛消防車支援現場，並提供適量滅火器。
7. 公共意外責任險：若於本萬全準備下發生不幸事故，主辦單位亦已向有註冊之保險單位投保公共意外責任險及雇主責任險。

會員滿意度、電視及網路購物消費行為調查問卷

會員滿意度、電視及網路購物消費行為調查問卷

調查對象：〇〇會員 1,067 份

〇〇〇先生（小姐），您好！我是〇〇購物臺的訪問員，我姓劉，我們正在進行會員對節目、商品、客戶服務等方面滿意度的電話訪問，擔誤您幾分鐘請教您一些問題。謝謝！

PART 1　滿意度方面

調查對象：全體受訪者

1. 請問您覺得〇〇購物臺「銷售的商品」有沒有吸引力？
   (01) 非常有吸引力　(02) 還算有吸引力　(03) 不太有吸引力
   (04) 完全沒吸引力　(98) 不知道/無意見

調查對象：全體受訪者

2. 請問您滿不滿意〇〇購物臺「商品品質」？
   (01) 非常滿意　(02) 還算滿意　(03) 不太滿意
   (04) 非常不滿意　(98) 不知道/無意見

調查對象：有使用過訂購專線者

3. 請問您滿不滿意【訂購專線人員服務態度】？
   (01) 非常滿意　(02) 還算滿意　(03) 不太滿意
   (04) 非常不滿意　(98) 不知道/無意見

調查對象：有使用過訂購專線者

4. 請問您滿不滿意【客服人員的問題解決能力】？
   (01) 非常滿意　(02) 還算滿意　(03) 不太滿意
   (04) 非常不滿意　(98) 不知道/無意見

1

調查對象：全體受訪者

5. 請問您滿不滿意【送貨速度】？
(01) 非常滿意　(02) 還算滿意　(03) 不太滿意
(04) 非常不滿意　(98) 不知道/無意見

調查對象：全體受訪者

6. 請問您滿不滿意【節目呈現方式】？
(01) 非常滿意　(02) 還算滿意　(03) 不太滿意
(04) 非常不滿意　(98) 不知道/無意見

調查對象：全體受訪者

7. 請問您滿不滿意○○購物臺的【促銷活動】？
(01) 非常滿意　(02) 還算滿意　(03) 不太滿意
(04) 非常不滿意　(98) 不知道/無意見

調查對象：全體受訪者

8. 整體來說，請問您對○○購物臺滿不滿意？
(01) 非常滿意　(02) 還算滿意　(03) 不太滿意
(04) 非常不滿意　(98) 不知道/無意見

PART 2　電視購物競爭與偏好分析

調查對象：全體受訪者

9. 請問您常不常在電視購物臺（包含 momo、ViVa、東森購物）買東西？
(01) 經常　(02) 偶爾　(03) 很少　(04) 無意見

調查對象：全體受訪者

10. 請問您希望電視購物多引進國際品牌商品？還是臺灣品牌商品？
(01) 國際品牌商品　(02) 臺灣品牌商品　(03) 沒偏好　(04) 無意見

調查對象：全體受訪者

11. 請問您比較偏愛在哪家電視購物臺買東西？
(01) ○○　(02) momo（富邦購物）　(03) ViVa
(04) 東森購物　(05) 不知道

調查對象：上一題有回答特定購物臺者

12. 請問您偏好在（上題回答的購物臺）買東西的主要原因為何？
(01) 較便宜　(02) 商品多元化　(03) 商品較符合需求
(04) 商品品質較佳　(05) 服務較好　(06) 習慣
(97) 其他（請說明）　(98) 不知道/無意見

調查對象：全體受訪者

13. 請問您未來在電視購物消費次數會增加？還是減少？
(01) 增加　(02) 減少　(03) 差不多　(04) 無意見

PART 3　網路購物消費行為

調查對象：全體受訪者

14. 請問您有沒有在購物網站上買過東西？
(01) 有　(02) 沒有

調查對象：有網購經驗者

15. 請問您常不常在購物網站上買東西？
(01) 經常　(02) 偶爾　(03) 很少　(04) 無意見

調查對象：有網購經驗者

16. 請問您較常在哪些購物網站上買東西？（可複選）
(01) Yahoo 奇摩購物　(02) PChome
(03) Payeasy　(04) 博客來網路書店
(05) 家電網站（燦坤/全國……）　(06) 統一購物便 unimall
(07) 旅遊網站（雄獅/燦星……）　(08) 大賣場網站（家樂福/大潤發……）
(09) ETMall東森購物網路　(10) momo（富邦購物）
(11) ViVa 購物網　(12) U-Life Mall
(97) 其他（請註明）　(98) 不知道

調查對象：上一題有回答特定購物網站者

17. 請問您偏好在《上題回答的購物網站》買東西的主要原因為何？
(01) 較便宜　(02) 商品多元化　(03) 商品較符合需求
(04) 商品品質較佳　(05) 服務較好　(06) 習慣
(97) 其他（請說明）　(98) 不知道/無意見

調查對象：有網購經驗者

18. 請問您未來在網路購物次數會增加？還是減少？
   (01) 增加　(02) 減少　(03) 差不多　(04) 無意見

調查對象：全體受訪者

19. 請問您知不知道○○購物網？
   (01) 知道　(02) 不知道

調查對象：知道○○者

20. 請問您有沒有登錄成為○○購物網的會員？
   (01) 有　(02) 沒有

調查對象：○○會員

21. 請問您有沒有在○○購物網買過東西？
   (01) 有　(02) 沒有

調查對象：○○會員但沒有購買經驗者

22. 請問您沒有購買的主要原因？

____

____

調查對象：知道○○者

23. 請問您知不知道現在登錄成為○○會員就送 1,500 元折價券？
   (01) 知道　(02) 不知道

調查對象：知道○○者

24. 請問您會不會登錄成為○○會員？
   (01) 會　(02) 不會　(03) 不知道/無意見

調查對象：上一題回答02-03 者

25. 為何不會？（開放題）

____

____

調查對象：有網購經驗且知道○○者

26. 與其他的購物網站比較，您認為○○購物網有哪些地方需改善？

____

____

4

PART 4 會員再購意願

調查對象：全體受訪者

27. 請問您最近有沒有看過利菁為○○購物臺拍的電視廣告？
(01) 有 (02) 沒有 (98) 不知道/無意見

調查對象：有看過廣告者

28. 看了廣告後，會不會增加您對○○購物臺的喜愛度？
(01) 會 (02) 不會 (98) 不知道/無意見

調查對象：全體受訪者

29. 請問您未來購買○○購物臺商品的意願為何，會不會再購買？
(01) 一定會 (02) 還算會 (03) 不會 (98) 不知道/無意見

調查對象：未來不會再購者

30. 請問您不會再購買的原因為何？

____

____

調查對象：全體受訪者

31. 請問您對○○有何建議？

____

____

PART 5 基本資料

調查對象：全體受訪者

32. 您那裡是位於哪一個縣市？
(01) 新北市 (02) 宜蘭縣 (03) 桃園市 (04) 新竹縣 (05) 苗栗縣
(06) 臺中市 (07) 彰化縣 (08) 南投縣 (09) 雲林縣 (10) 嘉義縣
(11) 臺南市 (12) 高雄市 (13) 屏東縣 (14) 臺東縣 (15) 花蓮縣
(16) 基隆市 (17) 新竹市 (18) 嘉義市 (19) 臺北市 (20) 澎湖縣

調查對象：全體受訪者

33. 請問您的年齡大約多少？
(01) 18~24 歲 (02) 25~29 歲 (03) 30~39 歲 (04) 40~49 歲
(05) 50~59 歲 (06) 60 歲以上 (98)拒答

調查對象：全體受訪者

34. 請問您最高的教育程度是什麼？

(01) 國小及以下　(02) 國中　(03) 高中職
(04) 專科（五專/二專）　(05) 大學（四技/二技）　(06) 研究所及以上
(07) 拒答

調查對象：全體受訪者

35. 請問您目前的職業是什麼？

(01) 白領（公司行號、行政機關職員/業務代表/尉級以上官階）
(02) 藍領（工人/作業員/送貨員/司機/農林漁牧/水電工/尉級以下官階）
(03) 投資經營者（商店老闆/工商企業投資者）
(04) 專業技術人員（律師/會計師/醫師/建築師/老師）
(05) 學生　(06) 家庭主婦　(07) 待業中/無業/退休
(08) 自由業　(97) 其他（請註明）　(98) 拒答

調查對象：全體受訪者

36. 受訪者性別？

(01) 男　(02) 女

~我們的訪問到此結束，謝謝您接受我的訪問~

6

第 4 篇

行銷學 18 項重點知識精華總歸納、總整理

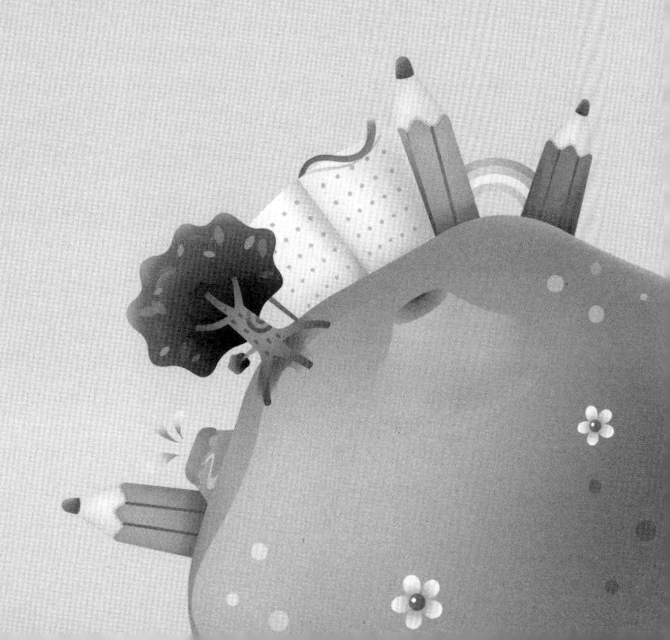

壹、行銷學 18 項重點知識精華圖示

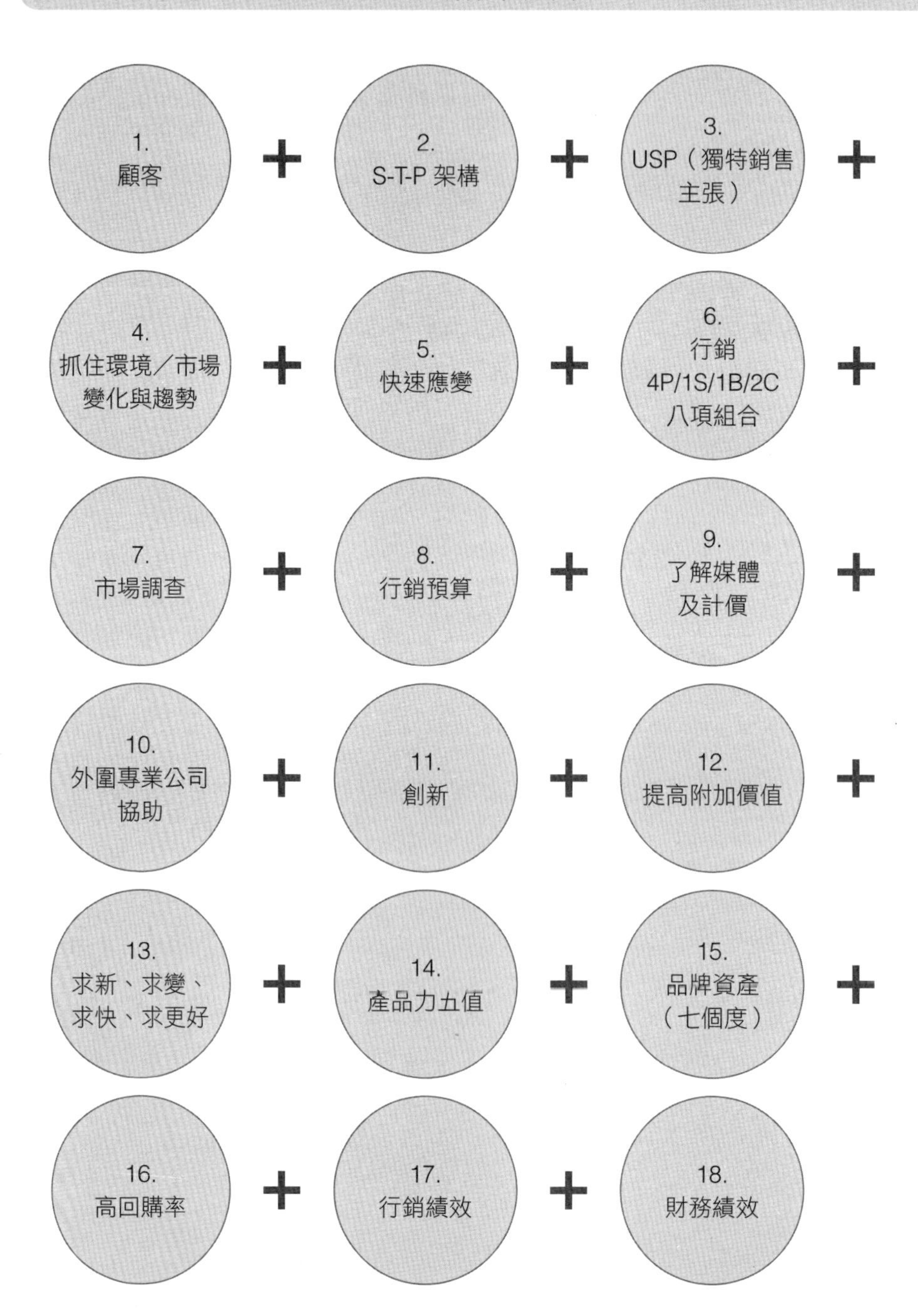

貳、各項重點知識簡述

重點1　顧客

1. 永遠以顧客為核心。
2. 站在顧客立場、融入顧客情境。
3. 持續不斷滿足顧客需求、期待及喜愛。
4. 發現需求、滿足需求、創造需求。
5. 堅定、堅持顧客導向及市場導向的原則及精神。
6. 為了顧客，永遠走在最前面。
7. 先把顧客放在利潤之前。
8. 要比顧客更了解顧客。
9. 要深入理解顧客的需求、顧客在哪裡購買、顧客如何使用。
10. 要不斷的挖掘出顧客潛在的需求，以及他們自己也不知道的需求。
11. 滿足顧客的途徑，永遠沒有盡頭。
12. 顧客的不滿意，就是我們的新商機所在。
13. 要顧客解決生活的痛點，要帶給他們更美好的生活。
14. 凡是顧客的事，沒有我們不了解的。
15. 我們每年都投入很多市調費用去做「消費者洞察（Consumer Insight）及掌握顧客的需求及顧客的變化。
16. 永遠要傾聽顧客心聲（VOC, Voice of Customer），重視並參考使用顧客的意見及看法。
17. 顧客第一、獲利第二。
18. 要永遠做好顧客滿意度（Customer Satisfaction, CS），每年都要達到90%以上的高顧客滿意度。
19. 要重視並創造及散播顧客的好口碑。
20. 鞏固好既有老顧客，也要開拓年輕新顧客群。
21. 創新的行動，必須圍繞在顧客的需求上。

22. 要緊緊跟隨顧客變化的脈動。
23. 我們競爭最大敵人，就是顧客需求的變化。
24. 不管是商品開發、技術升級、研發領先、做廣告宣傳、做促銷活動、做售後服務、做門市店經營、訓練專櫃銷售人員、做第一線業務等，都要想著顧客的需要、需求、期待、盼望、喜愛、想要，才能夠成功。
25. 顧客至上！顧客第一！
26. 把顧客放在上帝的位置。
27. 要製造出你能銷售掉的產品，才是真正有效的製造。
28. 不管產品也好、不管服務也好，都要讓顧客有驚喜、驚豔的感受。
29. 在庶民經濟的時代中，有一大群需要高 CP 值、平價、優質商品的顧客需求。
30. 做行銷，要時常、經常、定期的蒐集顧客的意見、想法、建議及需求。
31. 做行銷，一定要快速回應顧客及市場的需求變化。

重點 2 明確且正確的 S-T-P 架構

1. S: Segment Market，即做好區隔市場，明確你要進攻的市場在哪裡。例如，優衣庫就是要做平價國民服飾市場；例如，City Cafe 就是要攻入平價、便利、快速、帶走的平價國民咖啡市場。
2. T: Target Audience，即鎖定好你要的目標消費族群、目標客層，才知道你要賣給誰、賣給哪些 TA，然後你要做好對這些 TA 的研究、洞察、分析及掌握。
3. P: Positioning，即產品定位、品牌定位、市場定位在哪裡。每個產品、每個品牌、每個公司都要有它的定位及位置，才能讓消費者認知你、了解你、記住你、使用你、購買你。例如，iPhone 手機就是中高價、有名的智慧型手機；dyson 吸塵器，就是以高價、歐洲名牌的家電產品為定位。再例如，雙 B 就是以來自歐洲高級產業的轎車為定位。
4. 做任何生意之前，一定要先思考好、先規劃好、先評估好，你進入市場做生意的 S-T-P 架構是什麼？一定要很精準的、明確的，標定好你的行銷 S-T-P 架構，才有明確做生意的對象、市場及定位；這是做行銷必要的成功第一步。如果，沒有做好 S-T-P 規劃，那麼做生意一定會混亂掉，也不會成功的。

5. 當然，除了先確認我們自己的行銷 S-T-P，同時，也要蒐集資料，分析及評估一下市場上主力競爭對手他們的 S-T-P 是如何？然後做一個綜合比較，以了解我們的成功契機在哪裡？贏的利基在哪裡？剩下的空間在哪裡？雙方的差異點在哪裡？我們獨家特色在哪裡？以及彼此競爭定位在哪裡？

重點3 USP 在哪裡？

1. USP: Unique Sales Point（獨特銷售賣點）
   Unique Selling Proposition（獨特銷售主張）
2. 任何產品在眾多競爭品牌中，一定要擁有自己的獨家競爭賣點、獨家主張、獨家特色、獨一無二性、獨家差異化，才能凸顯出來，才能被消費者看到、注意到，然後才有可能被購買到。
3. 例如，在疫情期間，很多洗衣精品牌及冷氣機品牌，都強調自己擁有抗菌、抗病毒的最新功能及特色功能，引起暢銷。
4. USP 的獨家賣點、主張及特色，可以從產品的功能、耐用度、壽命、成分、設計、包裝等實質面向去強調及凸顯；但也可以從比較軟性的視覺、色系、時尚、價值感、質感、核心使命、理念、品牌故事、品牌精神、品牌承諾等角度去做出獨家的特色。
5. USP 的設想及規劃，必須從技術研發、商品開發階段，就要開始思考、討論、分析、規劃及落實。當然，USP 的獨家特色及主張，亦不能脫離顧客的真實需求及期待，唯有能真正做出顧客想要的、需要的、喜歡的、期待的 USP 出來，才會真正使產品成功及行銷成功的。
6. 堅定顧客導向＋顧客所需要的 USP→成功的產品、暢銷的產品。

7. 產品若是平平凡凡，沒有獨家特色及銷售主張，就很容易落入低價格的紅海市場競爭之中，低價就會減損獲利，甚至陷入沒有獲利之困境。

重點 4 抓住環境及市場的變化及趨勢

1. 做行銷，要做到三抓：
   (1) 抓變化。
   (2) 抓趨勢。
   (3) 抓商機。
2. 外部大環境與市場的任何變化，都會對廠商帶來有利與不利的影響，廠商必須特別注意。例如：
   (1) 特斯拉（Tesla）電動車及全球電動車的火紅發展，都對傳統的加油汽車產生很大不利的影響。
   (2) 4G、5G 智慧型手機的發展，創造通信市場很大商機。
   (3) 新冠病毒在 2020～2022 年的蔓延，對全球航空業、旅行業、五星級大飯店、觀光業等，帶來很大不利的影響。
3. 廠商的行銷人員、業務人員及商品開發人員，都必須保持對外在大環境及大市場的變化及趨勢，給予高度的關切、注意、蒐集資訊、分析、及提出預測及應對措施，思考如何避掉不利變化及趨勢，以及如何掌握有利變化及趨勢，如此，才能確保公司及品牌屹立不搖在市場上。
4. 近幾年來，臺灣及全球外部大環境的主要變化與趨勢有：
   (1) 少子化。
   (2) 老年化。
   (3) 新冠疫情。
   (4) 單身化。
   (5) 晚婚、不婚化。
   (6) 外食化。
   (7) 宅經濟化。

(8) 網購化。

(9) 醫美化。

(10) 減碳化。

(11) 企業社會責任化（CSR）。

(12) 永續經營化（ESG）。

(13) AI 化（人工智慧化）。

(14) 電動汽車、電動機車化。

(15) 便利化、連鎖化。

(16) 經濟規模化。

重點 5 快速應變！

1. 由於外部大環境的變化太過迅速，企業界必須有快速的應變能力及應變策略，才能避免在不利的變化中被掃到，導致營收、業績、市占率、獲利的大幅衰退。
2. 在環境變化中，廠商應變的速度絕對不能慢下來，一慢下來，就可能被競爭對手超越，或被環境大變化所毀滅掉。
3. 因此，天下武功，唯快不破，唯有快速應變，才是持續存活的王道。
4. 快速應變，有幾個面向要做好準備：

   (1) 要有快速應變的戰鬥組織體。

   (2) 要有快速應變的組織能力。

   (3) 要有快速應變的決策力。

   (4) 要有快速應變的計劃方案準備好。

   (5) 要有快速應變的執行力與行動力。
5. 公司要轉型成「敏捷型組織」，既要對環境及市場敏銳，更要有快捷行動力與執行力。

重點 6 行銷 4P/1S/1B/2C 八項組合戰術

1. 4P，即：

(1) Product（產品力）

做好產品策略規劃及優質產品力打造。產品力是行銷 4P 之首，也是行銷的主核心；沒有好的產品力，一切行銷策略及行銷宣傳都沒有用。

(2) Price（定價力）

做好產品的適當定價，要讓消費者感到定價有物超所值感、有高 CP 值感、有值得的感覺。定價絕不要有太高的暴利，定價只要合宜、適當，大家都可接受，那麼生意就可做長久。

(3) Place（通路力）

- 做好產品在零售通路上的快速上架陳列，及爭取到好的空間及好的位置。
- 做好 OMO（線上與線下融合），讓產品在實體通路及網購電商通路，都能讓消費者快速、方便、便利的、24 小時的，都能買得到、看得到。

(4) Promotion（推廣力）

做好產品的廣告宣傳、媒體報導宣傳、公關活動、記者會、促銷檔期安排、網紅宣傳、藝人代言人宣傳、人員銷售組織戰力、體驗活動、公益活動、集點活動、直效行銷、運動行銷、整合行銷等活動，以打響品牌力並提升業績力。

2. 1S，即：

Service（服務力）

做好產品的售前、售中、售後服務，以快速的、為客人解決問題的、貼心的、有禮貌的、溫暖的、用心的、認真的、令人感動的服務，爭取顧客的好口碑及顧客滿意度。

3. 1B，即：

Branding（品牌力）

做好產品品牌力的打造，成為一個有影響力、好口碑、值得信賴的、具有高忠誠度及黏著度的強而有力品牌；品牌力愈高，就愈有銷售好業績；沒有品牌力，就很難有好業績。

4. 2C，即：

(1) CSR（企業社會責任力）

現代企業的使命，不只是要為股東賺錢，更要為社會善盡應有的企業責任，包括：慈善、捐助、救濟、環保、減碳、公益等活動；如此才能得到社會大眾的好評、肯定及支持。光只顧自己公司賺錢，而不顧企業社會責任，是得不到絕大多數消費者認同的。因此，很多大企業都成立慈善基金會、文教基金會、公益基金會……等，就是為了體現大企業對社會責任的擔當與義務了。

(2) CRM（顧客關係管理）

現在很多零售業、服務業、餐飲業，都非常重視跟顧客及會員之間的長期良好關係，希望會員們能夠經常性的再回購，拉高回購率，以穩定及加強業績創造。現在很多業別都推出會員卡、貴賓卡、行動 APP 等，都是在「經營會員」，能鞏固住既有會員，就能守住每月的基本業績了。所以，會員關係、顧客關係、VIP 貴客關係都很重要。

重點 7　市場調查

1. 做行銷時，經常必須透過各種市調方法，以求得行銷的科學化數字及解答。例如：

(1) 開發新產品時，如何知道顧客是否喜歡及接受？

(2) 想了解顧客們的輪廓及樣貌？

(3) 想了解這支電視廣告片的效果如何？

(4) 想知道哪些藝人適合做代言人？

(5) 想了解顧客滿意度是多少？

(6) 想了解既有產品如何改良、增值及升級？

(7) 想了解顧客的媒體觀看閱讀行為如何？

(8) 想了解顧客的通路購買行為？

(9) 想知道主力競爭品牌的各種競爭力比較？

(10) 想知道顧客未來的潛在需求是什麼？

(11) 想了解消費趨勢及變化？

2. 因此，大品牌每年度撥出 100 萬元～200 萬元來做各種市調是非常必要的。

3. 市調執行的方法，主要有質化及量化調查二種：

(1) 質化調查：

- FGI 焦點座談會（Focus Group Interview）。
- 一對一專家討論。
- 家庭留置樣品及問卷填寫調查。
- 賣場訪談顧客。

(2) 量化調查：

- 電話問卷訪問市調。
- E-mail 電腦問卷回答。
- 手機問卷回答。
- 街頭訪問市調。
- FB、IG 官網粉絲團的市調。
- Social Listening（社群聆聽）（網路輿情分析）。

重點 8 行銷預算

1. 做行銷，公司每年都會提撥這支產品（或品牌）年度營收額的 1%～6%

作為它的年度行銷預算，藉以保持它的品牌力道，並對業績具有間接推升效果。例如：

(1) 麥當勞：年營收 150 億×2% = 3 億元廣告量。

(2) 純濃燕麥：年營收 10 億×6% = 6,000 萬元廣告量。

(3) Panasonic 家電：年營收 250 億×2% = 5 億元廣告量。

(4) 林鳳營鮮奶：年營收 30 億×2% = 6,000 萬元廣告量。

(5) 全聯福利中心：年營收 1,400 億×0.3% = 4.2 億元廣告量。

(6) 統一超商：年營收 1,600 億×0.1% = 1.6 億元廣告量。

(7) 統一企業：年營收 300 億×1% = 3 億元廣告量。

(8) 茶裏王飲料：年營收 20 億×2% = 4,000 萬元廣告量。

2. 行銷預算 80% 花在廣告費上，20% 花在各種活動舉辦上。
3. 行銷預算支出，必須講究它的效益分析，亦即現在很重視的行銷 ROI（投報率、投資效益），希望廣告宣傳支出能產生出它對品牌力及業績力的一定效果呈現。
4. 所以，公司每年底 12 月，都要對一年來的行銷預算支用，到底對公司、對品牌、對業績、對企業形象等帶來哪些具體的或無形的效益分析。

重點 9　了解媒體及計價方法

1. 作為行銷經理人，必須要了解各種媒體的發展狀況、趨勢狀況及廣告計價方式，才能使媒體廣告支出得到好的成效。
2. 媒體主要區分為二大類：

(1) 一類是傳統媒體。包括：電視、報紙、雜誌、廣播及戶外五種。其中，又以電視媒體為最大主力媒體；而報紙、雜誌、廣播三種傳媒，近十多年來，已快速衰退、大幅減少廣告量了。

(2) 另一類是數位媒體。包括：新聞網站媒體、社群媒體（FB、IG、YT、LINE）、關鍵字搜尋媒體（Google）、遊戲網站、親子網站、財經商業網站、3C 網站、購物網站、企業官網、政府官網等。

3. 目前，每年各種媒體的廣告金額及占比，大致如下：
   (1) 電視：200 億，占 40%。
   (2) 網路：200 億，占 40%。
   (3) 戶外：40 億，占 8%。
   (4) 報紙：25 億，占 5%。
   (5) 雜誌：20 億，占 4%。
   (6) 廣播：15 億，占 3%。
   其中，以電視及網路廣告量占最多，二者合計達 80% 之多。
4. 電視廣告的計價方式，以每 10 秒 CPRP 計價為主要，平均每 10 秒 CPRP 在 1,000 元～7,000 元之間。以新聞臺收視率較高，CPRP 在 5,000 元～7,000 元之間；綜合臺的收視率次高，CPRP 在 4,000 元～5,000 元之間；電影臺 CPRP 在 3,000 元～4,000 元之間。
5. 而網路媒體廣告的計價方法，以下列三種為主要：
   (1) CPM 法：每千人次曝光成本法。每個 CPM 在 100 元～300 元之間。FB、IG、YT、Google、LINE 均適用。
   (2) CPC 法：每次點擊成本。每個 CPC 為 8 元～10 元之間，主要以 FB、IG、Google、LINE 為適用。
   (3) CPV 法：每次觀看成本。每個 CPV 為 1 元～2 元之間，主要以 YT 為適用。
6. 在每年 200 億數位廣告中，幾乎80%大多數都流向了 FB、IG、YT、Google、LINE 五大數位媒體去了，也就是外國人賺走了 80% 數位廣告市場。

重點 10 外圍專業公司協助

1. 行銷經理人要打造出品牌資產價值及協助公司業務部達成業績，經常需要外圍專業公司的協助才可以達成。

2. 這些外圍專業公司，主要包括有：
   (1) 廣告公司（製拍電視廣告片）。
   (2) 媒體代理商（媒體企劃與媒體購買）。
   (3) 公關公司（記者會、辦活動、公關發稿）。
   (4) 數位行銷公司（數位廣告企劃、網路行銷活動）。
   (5) 網紅 KOL 經紀公司（推薦 KOL 網紅及其行銷操作企劃）。
   (6) 設計公司（產品包裝設計、簡介設計）。
   (7) 通路陳列公司（賣場特別陳列設計及執行）。
   (8) 市調公司（市調企劃及執行）。
   (9) 展覽公司（協助貿協參展之企劃、施工、執行）。
   (10) 活動公司（專辦中大型戶外活動）。
   (11) 贈品公司（促銷贈品提供）。
3. 行銷經理人應長期與這些外圍專業公司合作，建立合作默契，及成為我們的行銷夥伴、行銷顧問，然後才能對我們品牌廠商帶來更大、更顯著、更直接的貢獻及幫助。

重點 11　創新！

1. 行銷經理人必須非常注重創新的觀念及執行，唯有創新，才能領先競爭對手。
2. 行銷經理人注意的創新功能，必須是多領域、多面向的，包括：
   (1) 新產品創新。
   (2) 既有產品改善、升級創新。
   (3) 產品附加價值創新。
   (4) 廣告片創意創新。
   (5) 活動舉辦創新。
   (6) 代言人（藝人、網紅）創新。
   (7) 技術、研發創新。

(8) 頂級服務創新。

(9) 會員經營創新。

重點 12 產品力五值

產品力要做到長期暢銷，成為市場上的熱門產品，行銷經理人及商品開發人員必須共同努力做好產品力五值的競爭力。這五值包括：

1. 高 CP 值（高物超所值感、值得）。
2. 高顏值（質感良好、設計佳、包裝好）。
3. 高品質（品質穩定、品質優良、功能強大、很耐用）。
4. 高 EP 值（體驗感佳）。
5. 高 TP 值（品牌值得信任、信賴、Trust）。

重點 13 提升價值

1. 雖然庶民經濟時代，大多數基層所得上班族要的是低價、平價的產品；但是，廠商也可以推出不同品牌、不同區隔市場、及不同需求消費者的中高價位產品，亦即，廠商應該打「價值戰」，而儘可能不打「價格戰」。
2. 打價值戰，定價高，獲利會更好；打價格戰，就會陷入低價的紅海市場困境。例如：dyson 吸塵器／吹髮器／空氣清淨機，就是打價值戰。此外，像 iPhone 手機、雙 B 轎車、歐洲 LV 精品、日本 SONY 家電、星巴克咖啡、Sisley 保養品、台積電晶片、Cartier 珠寶……等，都是打價值戰的好案例。
3. 廠商可以從：技術面、原物料面、製程面、服務面、品質面、設計面、品牌面、視覺面、包裝面、工程面等，思考如何提升它的附加價值；唯有高價值，才能帶來高獲利，以及避開低價紅海市場的撕殺。

重點 14 求新、求變、求快、求更好

1. 做行銷，成功的九字訣，就是：保持「求新、求變、求快、求更好」的九字指針。
   (1) 求新：求創新、革新、新鮮、新穎。
   (2) 求變：求改變、變革、變化。
   (3) 求快：求快速、敏捷、迅速。
   (4) 求更好：好，還要更好、更佳、更優、更棒。
2. 做行銷，舉凡：開發新產品、開發新服務、做廣告宣傳、賣場陳列、促銷檔期、粉絲經營、藝人代言、網紅代言、通路上架、產品包裝、功能提升、技術升級、研發領先、製造生產、物流配送、招聘人才、企業社會責任、決策訂定、策略規劃、記者會舉辦等，永遠都要求新、求變、求快、求更好，企業必能持續成功。

重點 15 品牌力（品牌資產）

1. 品牌是行銷成功的重要核心，也是產品存活的關鍵所在。
2. 廠商做了很多的廣告宣傳投資，其目的之一，也是為了打造品牌力及不斷提升品牌力。
3. 有大品牌，就會有好的業績銷售成績，也比較能長期永續經營下去。
4. 所謂品牌力，就是品牌資產的意思，要形成品牌資產力量與價值，必須有七個度的內涵才可以，即：
   (1) 高知名度。
   (2) 高好感度。
   (3) 高指名度。
   (4) 高信任度。
   (5) 高忠誠度。
   (6) 高黏著度。

(7) 高情感度。

5. 廠商應該努力、用心，去打造出品牌在消費者心目中的這七個度。

重點 16 高回購率

1. 市場競爭到最後，就是要爭取顧客對我們的高回購率、高再購率、高回店率。
2. 有了高回購率，公司的每月業績就可以得到鞏固及穩定，所以創造高回購率是行銷操作上非常重要的地方。
3. 很多公司、很多產品的銷售，靠的就是一些既有會員、既有老顧客每月、每年的固定回購率而穩固下來的。例如，SOGO 百貨、momo 網購、屈臣氏、寶雅、TOYOTA 汽車⋯⋯等，幾乎每年 80% 的收入來源，都是靠老顧客貢獻的。
4. 品牌端廠商或零售／服務業等，可以從：發行會員卡、會員經營、會員優惠、VIP 分級經營、持續推陳出新優質好產品、做好頂級服務、做好促銷回饋、改良產品、增加產品價值感、提高 CP 值感受、做好產品上架普及性、做好代言人行銷、做好媒體宣傳報導、做好公益責任⋯⋯等，都可以強化顧客的再回購率、再回店率。

重點 17 高行銷績效

做行銷，追求最終的目的及目標，就是要有高的行銷績效，其指標包括：

1. 高的品牌資產價值。
2. 高的營收業績達成。
3. 高的市占率。
4. 高的市場排名。
5. 高的顧客滿意度。
6. 高的會員成長率。

7. 高的回購率。
8. 高的企業好形象。
9. 高的企業好聲譽。
10. 客單價及來客數的成長。

重點 18　高財務績效

有了高的行銷績效之後，就能創造出它的高財務績效，其指標包括：

1. 年營收業績不斷成長。
2. 年獲利不斷成長。
3. 年 EPS 不斷成長。
4. 股票價格不斷上升。
5. 企業總市值不斷成長。
6. ROE 股東權益報酬率不斷上升。

國家圖書館出版品預行編目資料

成功撰寫行銷企劃案 ／ 戴國良著. －－五版.
－－臺北市：書泉出版社，2022.12
面；　公分
ISBN　978-986-451-285-0（平裝）
1.CST: 行銷學 2.CST: 企劃書
496　　111017686

※版權所有・欲利用本書內容，必須徵求本公司同意※

3M37

成功撰寫行銷企劃案

作　　者－戴國良
發 行 人－楊榮川
總 經 理－楊士清
總 編 輯－楊秀麗
主　　編－侯家嵐
責任編輯－吳瑀芳
文字校對－張淑媃
封面設計－姚孝慈
排版設計－張淑貞
發 行 者－書泉出版社
地　　址：106 台北市大安區和平東路二段 339 號 4 樓
電　　話：(02)2705-5066
傳　　真：(02)2706-6100
網　　址：https://www.wunan.com.tw
電子郵件：shuchuan@shuchuan.com.tw
劃撥帳號：01303853
戶　　名：書泉出版社

總 經 銷：貿騰發賣股份有限公司
電　　話：(02)8227-5988
傳　　真：(02)8227-5989
網　　址：www.namode.com

法律顧問：林勝安律師事務所　林勝安律師

出版日期：2006 年 10 月初版一刷
2008 年　9 月初版三刷
2009 年 10 月二版一刷
2010 年　8 月二版二刷
2012 年　2 月三版一刷
2017 年　3 月三版五刷
2018 年 10 月四版一刷
2022 年 12 月五版一刷

定　　價：新臺幣 420 元